面向界面设计 1+X 证书系列教材

移动 UI 设计与实战

主　编　苗　楠

副主编　赵晟媛

中国水利水电出版社

www.waterpub.com.cn

·北京·

内 容 提 要

本书依据界面设计 1+X 职业技能初级证书中对界面设计模块的要求，对接职业标准和技能要求，主要介绍岗位能力要求、产品开发流程应用、界面设计规范、交互设计基础、界面设计原则、界面设计色彩搭配，以及如何使用 Photoshop 软件进行移动端 UI 设计，包括图标设计制作、手机主题界面设计制作、App 应用界面设计制作及交付文档制作等。本书内容翔实，案例丰富。全书共分三篇：基础篇、图标设计篇、综合实践篇，其中，综合实践篇选取校企合作的真实项目进行训练。每篇以项目为导向，在每个项目中，精心设计典型任务案例，围绕任务，构建融合互通、层层递进的任务学习体系，实现了将知识、技能、标准全面融入本书的任务中。同时，本书将中国优秀传统文化元素融入案例中，为课程思政建设提供思路，并对课证融通进行探索。

本书适合作为高职高专院校相关课程的专用教材、界面设计 1+X 职业技能初级证书备考人员的参考书，也可供界面设计从业人员和爱好者自学参考。

图书在版编目（ＣＩＰ）数据

移动UI设计与实战 / 苗楠主编. -- 北京 ： 中国水
利水电出版社，2021.9
面向界面设计1+X证书系列教材
ISBN 978-7-5170-9865-2

Ⅰ. ①移… Ⅱ. ①苗… Ⅲ. ①移动终端－应用程序－
程序设计－教材 Ⅳ. ①TN929.53

中国版本图书馆CIP数据核字(2021)第169912号

策划编辑：石永峰		责任编辑：石永峰	加工编辑：刘 瑜	封面设计：梁 燕

书 名	面向界面设计 1+X 证书系列教材 移动 UI 设计与实战 YIDONG UI SHEJI YU SHIZHAN
作 者	主 编 苗 楠 副主编 赵晟媛
出版发行	中国水利水电出版社 （北京市海淀区玉渊潭南路 1 号 D 座　100038） 网址：www.waterpub.com.cn E-mail: mchannel@263.net（万水） 　　　　 sales@waterpub.com.cn 电话：（010）68367658（营销中心）、82562819（万水）
经 售	全国各地新华书店和相关出版物销售网点
排 版	北京万水电子信息有限公司
印 刷	三河市鑫金马印装有限公司
规 格	184mm×260mm　16 开本　19.25 印张　480 千字
版 次	2021 年 9 月第 1 版　2021 年 9 月第 1 次印刷
印 数	0001—3000 册
定 价	49.00 元

前　　言

随着"互联网+"时代的发展及社会、市场的需求，UI 设计职业岗位越来越受欢迎。该领域人才需求缺口大、就业待遇薪资高、发展空间大，是许多人向往的工作岗位。

1. 本书特色

（1）课证融通。依据界面设计 1+X 职业技能初级证书中对界面设计模块要求，全面梳理教材内容，将企业工作任务、职业技能要求、行业设计规范等融入教材，同时，结合教学中有效的实践、工具和方法，开发学习流程，并对课证融通进行探索，建设面向界面设计 1+X 职业技能初级证书的配套辅助教材。

（2）课程思政。通过视觉表达方法把中国传统文化元素运用到手机主题界面设计中，在图标功能与文化内涵之间建立起对应关系，让读者在学习中体会中华民族传统文化的魅力。

（3）校企合作。编写过程中充分与企业一线设计人员进行沟通，选取了行业一手素材，以及与企业合作的真实教学项目作为教材编写的案例，将知识、技能、标准全面融入本书的任务中。

（4）实践性强。采用"项目导向、任务驱动"的编写方式，各项目主要包含"任务要点""任务实现""任务拓展""任务小结"等环节，紧紧围绕任务，构建融合互通、层层递进的任务体系。

（5）资源丰富。运用二维码技术提供丰富的资料包，包括微课、习题答案、扩展阅读等，方便读者进行对比学习，方便教师做课程准备。

2. 内容概述

本书依据职业技能提升过程，分为三篇：第一篇是基础篇，主要掌握界面设计学习中的职业标准和技能要求并对职业岗位进行认知和了解；第二篇是图标篇，在理解基础理论之上学习界面设计中重要元素图标；第三篇是综合实践篇，在掌握基础能力后进行视觉设计实践。其中，第一篇有 2 个项目、8 个任务，主要涵盖界面设计岗位能力要求、产品开发流程应用、界面设计规范、交互设计基础、界面设计原则及移动端 UI 设计中的色彩表现 6 个方面内容；第二篇有 1 个项目、9 个任务，分别对线性图标、面性图标、线面结合图标、扁平风格图标、轻拟物图标、写实图标设计制作要点及方法进行介绍；第三篇有 3 个项目、18 个任务，分别对手机主题界面设计制作、App 应用界面设计制作及交付文档进行模拟训练。

3. 读者对象

本书信息量大、内容资源丰富、实用性强，既可以作为数字媒体应用技术、艺术设计、移动应用开发等专业的教材和学习辅导书，也可以作为考取界面设计 1+X 职业技能初级证书的备考人员的参考书和界面设计爱好者的自学书籍。为读者了解界面设计基础，掌握平面软件制作，掌握交互基础、制作界面视觉设计作品提供帮助。

4. 作者团队

本书由来自一线项目的研发人员和一线教学的任课老师编写而成。本书由苗楠任主编，负责全书的统稿、修改、定稿工作，赵晟媛任副主编。具体编写分工为：苗楠负责编写项目一，项目四，项目五，项目六和项目三中的任务 1、2、3、4、7；赵晟媛负责编写项目二和项目三中的任务 5、6、8、9。同时，李鑫平、董文婧、唐建民等为本书编写和资源建设做了很多有益工作；中国水利水电出版社的有关负责同志对本书的出版给予了大力支持。在此，向这些作者以及为本书出版付出辛勤劳动的同志表示感谢。在本书编写过程中还参阅和采用了部分设计网站的文章及图例，因来源复杂，不能一一标注作者，在此深表歉意和感谢。

在本书编写过程中编者虽然倾注了全部精力，但由于水平有限，加之时间仓促，书中难免有疏漏之处，恳请各位读者和专家批评指正。

编 者

2021 年 5 月

目　录

前言

基础篇

项目一　移动端界面设计基础 ………… 1
　任务1　认识移动端界面设计 ………… 1
　　任务要点 ………………………… 1
　　任务检测 ………………………… 4
　任务2　产品开发流程应用 …………… 5
　　任务要点 ………………………… 5
　　任务检测 ………………………… 10
　任务3　移动端界面基础设计规范 …… 10
　　任务要点 ………………………… 10
　　任务检测 ………………………… 18
　任务4　交互设计基础 ………………… 18
　　任务要点 ………………………… 18
　　任务检测 ………………………… 34
　任务5　移动端界面设计基本原则 …… 35
　　任务要点 ………………………… 35

　　任务检测 ………………………… 52
　　项目总结 ………………………… 53
项目二　移动端界面设计色彩搭配 …… 54
　任务1　色彩的基本认知 ……………… 54
　　任务要点 ………………………… 54
　　任务检测 ………………………… 67
　任务2　色彩情感在移动端界面中的应用 …… 67
　　任务要点 ………………………… 67
　　任务实现——渐变色锁屏手机界面制作 … 78
　　任务检测 ………………………… 86
　任务3　移动端界面色彩配色技巧 …… 87
　　任务要点 ………………………… 87
　　任务实现——移动端界面主色配色设定 … 116
　　任务检测 ………………………… 122
　项目总结 ……………………………… 123

图标设计篇

项目三　使用Photoshop设计制作图标 ……… 124
　任务1　认识图标设计 ………………… 124
　　任务要点 ………………………… 124
　　任务实现——微信图标的设计制作 … 131
　　任务检测 ………………………… 134
　　任务小结 ………………………… 135
　任务2　线性图标设计制作 …………… 135
　　任务要点 ………………………… 135
　　任务实现——天气图标的绘制 …… 138
　　任务拓展 ………………………… 140
　　任务小结 ………………………… 141
　任务3　面性图标设计制作 …………… 141
　　任务要点 ………………………… 141
　　任务实现——相机图标的绘制 …… 144
　　任务拓展 ………………………… 146

　　任务小结 ………………………… 146
　任务4　线面结合图标设计制作 ……… 146
　　任务要点 ………………………… 146
　　任务实现——首页图标的绘制 …… 147
　　任务拓展 ………………………… 149
　　任务小结 ………………………… 149
　任务5　扁平化图标——折纸图标设计制作 ·· 149
　　任务要点 ………………………… 149
　　任务实现——地图图标制作 ……… 154
　　任务拓展 ………………………… 157
　　任务小结 ………………………… 157
　任务6　轻拟物图标——轻质感图标设计
　　　　　制作 …………………………… 157
　　任务要点 ………………………… 157
　　任务实现——时间图标制作 ……… 160

　　任务拓展 ……………………… 162
　　任务小结 ……………………… 162
任务 7　轻拟物图标——透明质感图标设计
　　　　制作 ……………………… 162
　　任务要点 ……………………… 162
　　任务实现——设置图标制作 …… 164
　　任务拓展 ……………………… 167
　　任务小结 ……………………… 168
任务 8　写实图标——金属质感图标设计
　　　　制作 ……………………… 168

　　任务要点 ……………………… 168
　　任务实现——开关图标制作 …… 174
　　任务拓展 ……………………… 178
　　任务小结 ……………………… 178
任务 9　写实图标——木质感图标设计制作 ·· 178
　　任务要点 ……………………… 178
　　任务实现——邮件图标制作 …… 188
　　任务拓展 ……………………… 192
　　任务小结 ……………………… 192

综合实践篇

项目四　剪纸风格手机主题界面设计 ……… 193
任务 1　手机主题桌面图标设计 …… 193
　　任务要点 ……………………… 193
　　任务实现——剪纸风格图标制作 … 195
　　任务拓展 ……………………… 200
　　任务小结 ……………………… 201
任务 2　手机主题背景界面设计 …… 201
　　任务要点 ……………………… 201
　　任务实现——背景界面设计制作 … 202
　　任务拓展 ……………………… 205
　　任务小结 ……………………… 206
任务 3　手机主题锁屏界面设计 …… 206
　　任务要点 ……………………… 206
　　任务实现——锁屏界面设计制作 … 207
　　任务拓展 ……………………… 208
　　任务小结 ……………………… 209
项目五　新西兰 NAMEKIWI App 应用界面
　　　　设计 ……………………… 210
任务 1　App 启动图标设计 ………… 210
　　任务要点 ……………………… 210
　　任务实现——App 启动图标制作 …211
　　任务拓展 ……………………… 213
　　任务小结 ……………………… 214
任务 2　启动页设计 ……………… 214
　　任务要点 ……………………… 214
　　任务实现——启动页制作 ……… 215
　　任务拓展 ……………………… 217

　　任务小结 ……………………… 217
任务 3　引导页设计 ……………… 217
　　任务要点 ……………………… 217
　　任务实现——引导页制作 ……… 218
　　任务拓展 ……………………… 221
　　任务小结 ……………………… 222
任务 4　首页设计 ………………… 222
　　任务要点 ……………………… 222
　　任务实现——首页制作 ………… 224
　　任务拓展 ……………………… 237
　　任务小结 ……………………… 238
任务 5　分类页设计 ……………… 238
　　任务要点 ……………………… 238
　　任务实现——分类页制作 ……… 240
　　任务拓展 ……………………… 242
　　任务小结 ……………………… 243
任务 6　商品详情页设计 ………… 243
　　任务要点 ……………………… 243
　　任务实现——商品详情页制作 … 245
　　任务拓展 ……………………… 247
　　任务小结 ……………………… 248
任务 7　搜索页设计 ……………… 248
　　任务要点 ……………………… 248
　　任务实现——搜索页制作 ……… 249
　　任务拓展 ……………………… 251
　　任务小结 ……………………… 251
任务 8　搜索结果页设计 …………… 251

任务要点 ······· 251

任务实现——搜索结果页制作 252

任务拓展 ······· 254

任务小结 ······· 255

任务9 登录注册页设计 ······· 255

任务要点 ······· 255

任务实现——登录注册页制作 255

任务拓展 ······· 257

任务小结 ······· 258

任务10 购物车页设计 ······· 258

任务要点 ······· 258

任务实现——购物车页制作 259

任务拓展 ······· 262

任务小结 ······· 263

任务11 订单结算页设计 ······· 263

任务要点 ······· 263

任务实现——订单结算页制作 264

任务拓展 ······· 266

任务小结 ······· 267

任务12 个人中心页设计 ······· 267

任务要点 ······· 267

任务实现——个人中心页制作 268

任务拓展 ······· 271

任务小结 ······· 272

项目六 新西兰 NAMEKIWI App 项目设计
交付文档 ······· 273

任务1 设计适配 ······· 273

任务要点 ······· 273

任务实现——设计适配 276

任务拓展 ······· 279

任务小结 ······· 279

任务2 标注 ······· 280

任务要点 ······· 280

任务实现——标注登录页面 281

任务拓展 ······· 286

任务小结 ······· 286

任务3 切图 ······· 287

任务要点 ······· 287

任务实现——分类页切图 293

任务拓展 ······· 297

任务小结 ······· 297

参考文献 ······· 298

基础篇

项目一 移动端界面设计基础

移动互联网时代的悄然到来改变着我们的生活方式，大批的新生设计力量正不断涌入移动端的设计领域中，这说明大家越来越重视用户在各个设备终端层面的体验。然而，设备的多样性和产品形态的多样性为设计师们带来的既是更多的发挥空间，也是更大的挑战。本项目将带大家全面了解移动端界面设计，为移动端界面设计制作进行知识储备。

知识目标：

- 知移动端界面设计的内容、方法和流程。
- 知移动端界面设计的能力要求。
- 知移动端界面设计的规范和原则。
- 知移动端界面设计的使用工具。

技能目标：

- 能深入理解 iOS/Android 界面的构成要素与设计规范。
- 能理解 iOS/Android 的界面设计差异。
- 能将文字和初始资料转换为设计草图。

素质目标：

- 培养岗位认知能力。
- 培养图文转化能力。
- 培养职业规范素养。

任务 1 认识移动端界面设计

任务要点

要点 1：了解 UI 设计

随着"互联网+"时代的到来，个性化、多样化的消费方式已经悄然出现，人们的生活更加丰富多彩。由于智能移动设备的快速普及，智能设备同质化问题越来越严重，导致用户智能设备界面体验感差，因此设备界面设计个性化与多样化的需求日益凸显。市场需求催生出新兴就业岗位——界面设计（User Interface Design，即 UI 设计）。该领域人才需求缺口大，是人才市场上十分紧俏的职业，吸引了大量年轻设计师投身其中。

　　UI 设计是指对软件的人机交互、操作逻辑、界面美观的整体设计。UI 设计大致分为三类：移动端 UI 设计、PC 端 UI 设计、其他终端 UI 设计，如图 1-1-1 所示。

　　其中，移动端 UI 设计包括手机、Pad、MP4、智能手表等界面设计、交互设计、体验设计。本书重点介绍手机的界面设计，包括手机主题界面设计和 App 应用界面设计，如图 1-1-2、图 1-1-3 所示。

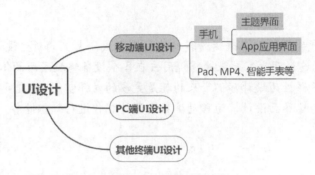

图 1-1-1　UI 设计分类

图 1-1-2　手机主题界面设计

图 1-1-3 App 应用界面设计

要点 2：移动端 UI 设计特点

移动端 UI 设计有很多的局限性，最主要的限制是移动端屏幕的尺寸。总体来说，移动端 UI 设计具有以下 5 个特点。

（1）移动端屏幕尺寸有限，不能放过多内容，可以采用多加层级的方法。例如，PC 端的淘宝，其内容非常多，包括主题市场分类的显示、广告页的展示、个人中心的展示等。而移动端的淘宝，层级较多，有 5 个大的层级，其中主屏上又有 10 个小的层级，一层连一层，展示区域相对较少，移动端没有主题市场分类的直接展示，必须通过层级进入二级页面。因此，移动端界面交互过程不宜设计得过于复杂，交互步骤不宜太多，这样可以提高操作的便利性，进而提高操作效率。

（2）PC 端的 UI 操作一般是用鼠标，移动端的则是用手指。鼠标操作精确度非常高，而手指操作精确度相对较低，所以 PC 端的图标一般会小一些，移动端的图标会大一些。例如，PC 端的微信图标明显比手机上的要小一些。同时，设计时还要考虑使用场景的多样性（站、坐、躺、趴），要尽可能的方便易用。

（3）PC 端可以实现单击、双击、按住、拖动、右击等操作。而移动端只能实现点击、按住和滑动等操作。PC 端上可以展现的 UI 交互操作可以更多，功能也就更强，而移动端就弱化了很多。例如，移动端的腾讯视频 App，在屏幕左边上下滑动可以调节亮度，在屏幕右边上下滑动可以调节声音，在最下面左右滑动可以调节视频的进度，双击可以暂停，其他功能则需要通过图标点击才能生效。

（4）要考虑浏览器的兼容性。移动端有各种品牌的机型，都有其各自的屏幕大小和分辨率，在做产品设计时，要充分考虑产品界面交互是否能适应不同平台、不同品牌、不同型号的机型。

（5）考虑网络环境。PC 端网络比较稳定，出现异常情况的概率相对较小，而移动端很多时候处于无线数据网络状态下，网络状况随地点变化，出现异常情况的概率较大。并不是每一个移动端的操作环境都有网络，因此，在设计对网络要求比较高的产品时，如视频 App，用户需要 WiFi 环境，一般不需要流量，我们就要设计缓存功能，让用户在有网和无网时都可以使用。

要点 3：移动端 UI 设计岗位能力要求

UI 设计主要的工作内容包括视觉设计、交互设计和体验设计。

视觉设计是针对眼睛功能的主观形式的表现手段和结果。在 UI 设计中，视觉设计不仅是做图标、界面或界面元素，还应掌握平面构成、色彩构成、版式设计、心理学、美术绘画和设计意识等。

交互设计是一种目标导向设计，所有的工作内容都是围绕着用户行为进行设计。通过设计用户的行为，让用户更方便、更有效率地完成产品业务目标。

用户体验设计是让消费者参与到设计中，力图使消费者感受到美好的体验过程，是基于人机交互、图形化设计、界面设计和其他相关理论进行的设计。

因此，在 UI 设计的过程中应具备的工作能力有：热爱移动互联网产品，掌握交互设计要点，具备良好的逻辑能力；懂得用户体验，做好市场分析；能够熟练使用 Photoshop、Illustrator、Axure 等软件制作图文；熟悉产品设计流程，了解界面规范要求，具有一定的审美观和创新能力；具备出色的沟通和语言表达能力；具备良好的团队合作精神。

要点 4：移动端 UI 设计主要使用的工具

移动端 UI 设计主要使用的工具为两大类，一类是设计型工具，一类是辅助型工具。

设计型工具主要有 Photoshop、Illustrator、Axure RP 和 After Effects，如图 1-1-4 所示。Photoshop 主要用于完成整个界面视觉元素效果的制作。Illustrator 主要用于制作矢量图标。Axure RP 主要用于制作交互设计及原型图。After Effects 可以用于制作按钮的动画特效及交互的一些特效。

（a）Photoshop　　（b）Illustrator　　（c）Axure RP　　（d）Affer Effects

图 1-1-4　设计型工具

辅助型工具主要有 PxCook 和 Mark Man，如图 1-1-5 所示。PxCook 是切图的辅助工具。Mark Man 用来标注图形尺寸。

（a）PxCook　　　　　　　　　　（b）Mark Man

图 1-1-5　辅助型工具

任务检测

要点测试

单选题

（1）以下选项不属于移动端 UI 设计特点的是（　　）。

　　A．交互步骤少　　　　　　　　B．操作精度高

　　C．要考虑多种机型　　　　　　D．要考虑网络环境

（2）UI 设计主要的工作内容不包括（　　）。

  A．视觉设计   B．交互设计   C．体验设计   D．前端编程

（3）UI 设计常用到的软件不包括（　　）。

  A．Photoshop   B．Axure RP   C．3D MAX   D．Sketch

拓展思考

PC 端 UI 设计与移动端 UI 设计的共同点和差异点分别是什么？

任务 2　产品开发流程应用

任务要点

要点 1：企业中移动端产品开发流程

企业中移动端产品开发流程涉及的参与人员有：产品经理、项目经理、交互设计师、UI 设计师、前端工程师、后端工程师。他们在移动端产品开发流程中负责的工作内容如图 1-2-1 所示。

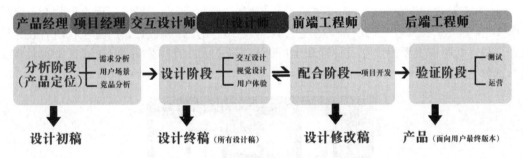

图 1-2-1　企业中移动端产品开发流程图

产品经理主要负责产品从无到有的企划，通过产品规划、市场分析、竞品分析、迭代规划等对新产品进行策划，同时负责新产品实现过程中的进度质量把控和各个部门的协调工作。

项目经理是项目策划、实施和执行的总负责人，这个职位很多公司一般由产品经理兼顾，主要负责项目进度的把控和项目问题的及时解决。

交互设计师的主要任务是设计产品原型，斟酌页面上的元素是否合适，页面之间的跳转是否符合逻辑。在工作中交互设计师是和 UI 设计师直接对接的岗位，当交互设计师完成原型图设计之后会交给 UI 设计师进行界面的美化。

UI 设计师是指从事软件的人机交互、操作逻辑、界面美观的整体设计工作的人员。随着国内互联网的兴起，逐渐形成了懂交互、懂用户体验又能兼顾页面美化的 UI 设计师岗位。

前端工程师除了指使用 HTML 对页面进行重构的前端工程师以外，还指负责包含前端展示部分的工程师，如 iOS 工程师和 Android 工程师。UI 设计师完成界面设计后即可交付前端工程师进行页面动态交互效果的制作。

后端工程师（也就是网上常说的"程序猿"）主要职责是利用编程语言，如 PHP、Java 等完成服务器端的交互工作。值得一提的是，这类工程师一般和 UI 设计师的交集较少。

如图 1-2-1 所示，整个产品开发主要经历 4 个阶段：分析阶段、设计阶段、配合阶段、验

证阶段。每个阶段工作内容具体如下：

（1）分析阶段。对用户需求、用户使用场景及竞争产品进行分析，确定产品的定位，产生设计初稿，这时的初稿有可能只是简单的手绘界面如图 1-2-2 所示。此阶段主要由产品经理、项目经理策划，交互设计师参与其中，产生低保真原型图，如图 1-2-3 所示。

图 1-2-2　手绘界面

图 1-2-3　低保真原型图

（2）设计阶段。对分析阶段产生的设计初稿进行交互设计，形成高保真原型交互文档，如图 1-2-4 所示。在交互文档的基础上进行视觉设计及用户体验设计，产生包含所有设计稿的设计终稿。此阶段主要由交互设计师和 UI 设计师来完成。有些公司的 UI 设计师也负责交互设计部分。

图 1-2-4　高保真原型交互文档

（3）配合阶段。这是项目开发的阶段，主要由前端工程师和后端工程师完成。UI 设计师交出产品设计图后，开发人员、测试人员会进行截图。开发人员对 PSD 格式的图片进行切图操作，对于不同开发人员的要求，切图方式也不同，UI 设计师需要配合相关的开发人员进行最适合的切图操作，形成设计修改稿。

（4）验证阶段。开发人员对产品进行测试、运营，形成面向用户的最终版本的产品。产品出来后，UI 设计师需要对产品的效果进行验证，实际产品与当初设计产品时的想法是否一致，是否可用，用户是否接受，以及与需求是否一致，这些都需要 UI 设计师验证。UI 设计师是将产品需求用图片展现给用户最直接的经手人，对产品的理解会更加深刻。

要点 2：软件开发模型

事物有其自身的成长规律，软件也不例外。一种软件也有孕育、诞生、成长、成熟和衰亡的过程，一般称其为"软件生命周期"。软件生命周期一般分为 6 个阶段，即制订计划、需求分析、设计、编码、测试、运行维护。软件过程模型通常由多个阶段组成，阶段之间的次序、重叠、迭代等关系往往与软件项目的范围、规模、复杂性、需求等相关。每个阶段都有特定的内容，并产生特定的成果。软件生命周期中的过程和活动应用在这些阶段中以便完成相应的任务。下面介绍常用的软件模型，使大家能够对后台程序开发、修改有所了解。

（1）瀑布模型：最大的特点就是简单，它按照软件生命周期划分成 6 个部分，如图 1-2-5 所示。相较于快速原型模型和增量模型，瀑布模型要求用户在最初就提出一套清晰完整的需求，在软件编程之前必须先撰写出详细的需求说明书，否则，用瀑布模型开发的软件系统可能满足不了客户的需求。

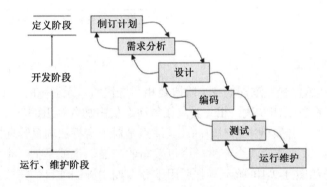

图 1-2-5　瀑布模型

（2）快速原型模型：通过一些快速原型语言先构建出软件产品的原型系统，这样可快速地和用户交互，用户通过该原型系统具体地了解该款软件，并通过原型发现用户需求的遗漏。快速原型模型的用户参与度相较于瀑布模型提高不少，弥补了瀑布模型的不足。但可能导致系统设计差、效率低，难于维护，如图 1-2-6 所示。

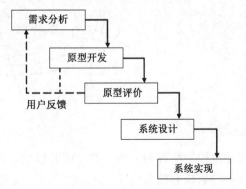

图 1-2-6　快速原型模型

（3）智能模型：拥有一组工具（如数据查询、报表生成、数据处理、屏幕定义、代码生成、高层图形功能及电子表格等），且每个工具都能使开发人员在高层次上定义软件的某些特性，并把开发人员定义的这些软件自动地生成为源代码，如图 1-2-7 所示。

（4）增量模型：将软件产品作为一系列的增量构件来设计、编码，如图 1-2-8 所示。这样既可以快速地向用户提交可完成部分功能的产品，也能让用户有较充裕的时间来适应新系统。这样的开发模型需要开放式的体系结构，同时可能会导致开发的软件设计差、效率低。

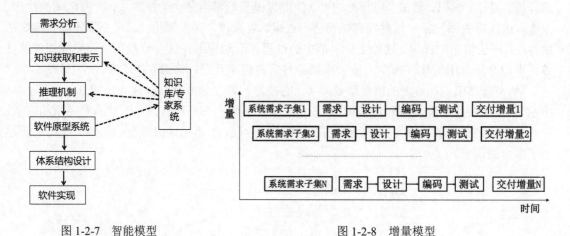

图 1-2-7　智能模型　　　　　　　　　　　　　　图 1-2-8　增量模型

（5）喷泉模型：软件开发过程的各个阶段是相互迭代的、无间歇的，如图 1-2-9 所示。软件的某个部分常常被重复工作多次，相关对象在每次迭代中加入渐近的软件成分。该模型适用于面向对象的软件开发，开发效率相对较高。其缺点是对于常规的项目管理方法不适用。

（6）迭代模型：每次迭代就会产生一个可发布的产品，也就是把一个大项目拆成若干个小项目，分步实施，如图 1-2-10 所示。它适用于分多期实施的项目，第二期的程序代码会完全替换第一期的代码。其缺点是项目风险高。

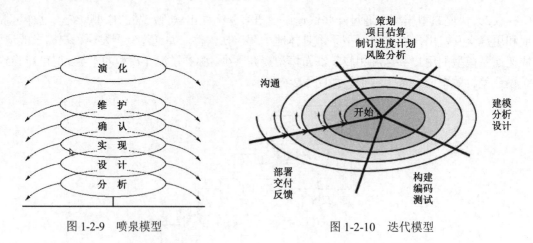

图 1-2-9　喷泉模型　　　　　　　　　　　　　　图 1-2-10　迭代模型

（7）混合模型：过程开发模型又称为混合模型，或元模型。把几种不同模型组合成一种混合模型，它允许一个项目能沿着最有效的路径发展，即过程开发模型或混合模型，如图 1-2-11 所示。

（8）演化模型：演化模型是一种全局的软件（或产品）生存周期模型，属于迭代开发方法。该模型可以表示为：第一次迭代（需求→设计→实现→测试→集成）→反馈→第二次迭代（需求→设计→实现→测试→集成）→反馈→……即根据用户的基本需求，首先通过快速分析构造出该软件的一个初始可运行版本，这个初始的软件通常称为原型，然后根据用户在使用原型的过程中提出的意见和建议对原型进行改进，获得原型的新版本。重复这一过程，最终可得到令用户满意的软件产品。采用演化模型的开发过程，实际上就是从初始的原型逐步演化成最终软件产品的过程。演化模型特别适用于对软件需求缺乏准确认识的情况，如图 1-2-12 所示。

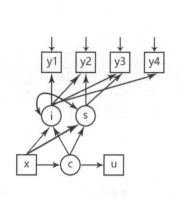

图 1-2-11　混合模型

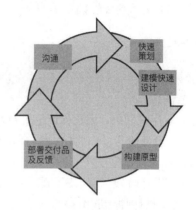

图 1-2-12　演化模型

（9）螺旋模型：开发软件产品，不可避免的便是风险分析，而螺旋模型的思想便是，使用原型及其他方法来尽可能降低风险。在软件开发的每个阶段，都增加一个风险分析过程，如图 1-2-13 所示。螺旋模型结合了快速原型模型的迭代性质和瀑布模型的系统性和可控性，适用于内部开发的大规模软件项目。

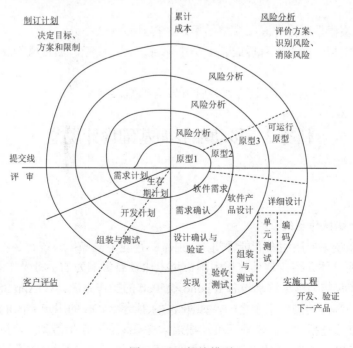

图 1-2-13　螺旋模型

综上所述，我们可以看到各个开发模型都有其可取之处，也有不可避免的缺点。软件开发过程中应适当地选择合适的开发模型。几大开发模型也有其共通点。例如，瀑布模型是按顺序进行的，就如数学中的"线性"开发。而"线性"是人们最容易掌握并能熟练应用的思想方法。一个软件系统的整体开发可能是复杂的，而单个子程序总是简单的，可以用线性的方式来实现。当我们领会了线性的精神，就可以不再呆板地套用线性模型的外表，而是可以灵活运用。例如，增量模型实质就是分段的线性模型，螺旋模型则是连接的弯曲了的线性模型，当然在其他模型中也能够找到线性模型的影子。

任务检测

要点测试

1. 单选题

（1）对用户需求、用户使用场景及竞争产品进行分析是在产品开发流程的（　　）进行的。

    A. 设计阶段　　　　B. 配合阶段　　　　C. 验证阶段　　　　D. 分析阶段

（2）高保真原型图在（　　）产生。

    A. 设计阶段　　　　B. 配合阶段　　　　C. 验证阶段　　　　D. 分析阶段

（3）UI 设计师一般不参与（　　）环节。

    A. 交互设计　　　　B. 视觉设计　　　　C. 编码　　　　　　D. 项目开发

2. 判断题

（1）软件生命周期一般分为 6 个阶段，即制订计划、需求分析、设计、编码、测试、运行维护。　　　　　　　　　　　　　　　　　　　　　　　　　　　（　　）

（2）瀑布模型最大的特点就是简单，但在软件编程之前必须先撰写出详细的需求说明书。

                                                （　　）

（3）快速原型模型可弥补瀑布模型的不足，提升系统效率。　　　　　　（　　）

（4）迭代模型把一个大项目拆成若干个小项目，分步实施，项目风险高。　　（　　）

拓展思考

随着信息化时代的发展，UI 设计对软件开发有哪些影响？

任务 3　移动端界面基础设计规范

任务要点

要点 1：移动端操作系统

移动端操作系统主要应用在智能手机上。主流的智能手机操作系统有谷歌的 Android 和苹果的 iOS 等。下面具体介绍 4 款目前在中国市场上比较有影响力的手机操作系统。

（1）iOS。iOS 作为苹果移动设备 iPhone 和 iPad 的操作系统，在 App Store 的推动之下，成为了世界上引领潮流的操作系统之一，如图 1-3-1 所示。iOS 的用户界面能够使用多点触控直接操作，控制方法包括滑动、轻触开关及按键。与系统交互包括滑动、轻按、挤压及反向挤压。此外，其自带的加速器，可以在旋转设备的情况下改变其 y 轴以令屏幕改变方向，这样的设计令 iPhone 更便于使用。

（2）Android 系统。Android 系统是一种基于 Linux 系统开发的操作系统，主要用于移动设备，如智能手机和平板电脑，由 Google 公司和开放手机联盟领导及开发，如图 1-3-2 所示。Android 一词的本义指"机器人"，我国很多人使用"安卓"这一中文名称。Android 平台最大的优势是开发性，即允许任何移动终端厂商、用户和应用开发商加入到 Android 统一推选联盟中来，允许众多的厂商推出功能各具特色的应用产品。平台提供给第三方开发商宽泛、自由的开发环境，由此会诞生丰富、实用、新颖、别致的应用。如今 Android 系统已经成为了现在市面上主流的智能手机操作系统。

（3）WP 系统。WP 系统，即 Windows Phone 系统，如图 1-3-3 所示。2010 年 10 月，微软公司正式发布了智能手机操作系统 Windows Phone，将谷歌的 Android OS 和苹果的 iOS 列为主要竞争对手。2012 年 6 月，微软在美国旧金山召开发布会，正式发布全新的操作系统 Windows Phone 8（以下简称 WP 8），该系统放弃 Windows CE 内核，改用与 Windows 8 相同的 NT 内核。该系统也是第一个支持双核 CPU 的 WP 版本，宣布 Windows Phone 进入双核时代。Windows Phone 具有桌面定制、图标拖拽、滑动控制等一系列前卫的操作。WP 8 旗舰机 Nokia Lumia 920 主屏幕通过提供类似仪表盘的体验来显示新的电子邮件、短信、未接来电等，让人们对重要信息保持时刻更新。它还包括增强的触摸屏界面和最新版本的 IE Mobile 浏览器。

图 1-3-1　iOS

图 1-3-2　Android 系统

图 1-3-3　WP 系统

（4）鸿蒙系统。即鸿蒙 OS（英文：Harmony OS）。2019 年 8 月 9 日，华为在东莞举行华为开发者大会，正式发布操作系统——鸿蒙 OS，如图 1-3-4 所示。鸿蒙 OS 是一款"面向未来"的操作系统，一款基于微内核的面向全场景的分布式操作系统，它将适配手机、平板电脑、电视、智能汽车、可穿戴设备等多种终端设备。随着全场景智慧时代的到来，华为认为需要进一步提升操作系统的跨平台能力，包括支持全场景、跨多设备和平台的能力以及应对低时延、高安全性挑战的能力，逐渐形成了鸿蒙 OS 的雏形，可以说鸿蒙 OS 的出发点和 Android、iOS 都不一样，它能够同时满足全场景流畅体验、架构级可信安全、跨终端无缝协同以及一次开发多终端部署的要求。

图 1-3-4　鸿蒙 OS

要点 2：移动端界面相关单位

（1）英寸（in）。英寸是常用的长度单位，通常用来表示显示设备的大小，如 14 英寸笔记本电脑、50 英寸液晶彩电，数值指的是屏幕对角线的长度。

（2）像素（px）。像素的全称为图像元素，是用来计算数码影像的一种单位。由一个数字序列表示的图像中的一个最小单位，称为像素。

（3）分辨率。分辨率，又称解析度、解像度，可以细分为显示分辨率、图像分辨率、打印分辨率和扫描分辨率等。分辨率是屏幕物理像素的总和，是指显示器所能显示的像素的多少。在屏幕尺寸一样的情况下，可显示的像素越多画面就越精细。

描述分辨率的单位有：dpi（点每英寸）、lpi（线每英寸）、ppi（像素每英寸）和 ppd（像素每度）。但只有 lpi 是描述光学分辨率的尺度的。虽然 dpi 和 ppi 也属于分辨率范畴内的单位，但是它们的含义与 lpi 不同。而且 lpi 与 dpi 无法换算，只能凭经验估算。

另外，ppi 和 dpi 经常会出现混用现象。但是它们所适用的领域存在区别，从技术角度来说，"像素"只存在于计算机显示领域，而"点"只出现于打印或印刷领域。

1）网点密度（dpi）。网点密度通常用来描述印刷品的打印精度，即每英寸所能打印的点数。当 dpi 的概念用在手机屏幕上时，表示手机屏幕上每英寸可以显示的像素点的数量。这时候用 ppi 来描述这个屏幕。

2）像素密度（ppi）。像素密度常用于屏幕显示，即每英寸像素点的数量。

要点 3：常见手机屏幕规格

常见手机屏幕规格见表 1-3-1。

表 1-3-1　常见手机屏幕规格

设备名称	操作系统	尺寸/in	ppi	纵横比	宽×高/dp	宽×高/px	密度/dpi
iPhone X	iOS	5.8	458	19:9	375×812	1125×2436	3.0 xxhdpi
iPhone 8+/7+/6S+/6+	iOS	5.5	401	16:9	414×736	1242×2208	3.0 xxhdpi

设备名称	操作系统	尺寸/in	ppi	纵横比	宽×高/dp	宽×高/px	密度/dpi
iPhone 8/7/6S/6	iOS	4.7	326	16:9	375×667	750×1334	2.0 xhdpi
iPhone SE/5S/5C	iOS	4.0	326	16:9	320×568	640×1136	2.0 xhdpi
Android One	Android	4.5	218	16:9	320×569	480×854	1.5 hdpi
Google Pixel	Android	5.0	441	16:9	411×731	1080×1920	2.6 xxhdpi
Google Pixel XL	Android	5.5	534	16:9	411×731	1440×2560	3.5 xxhdpi
Moto X	Android	4.7	312	16:9	360×640	720×1280	2.0 xhdpi
MotoX 二代	Android	5.2	424	16:9	360×640	1080×1920	3.0 xxhdpi
Nexus 5	Android	5.0	445	16:9	360×640	1080×1920	3.0 xxhdpi
Nexus 5X	Android	5.2	565	16:9	411×731	1080×1920	2.6 xxhdpi

要点 4：界面布局

界面的主要构成被分为 4 个标准的信息区域（主要针对按键手机和触屏手机）：状态区、标题区、功能操作区、公共导航区。在应用界面中也常被分为状态栏、导航栏、内容区、标签栏。界面布局如图 1-3-5 所示。

图 1-3-5　界面布局

（1）状态区。标示手机目前的运行状态及事件的区域，包括电池电量、信号强度、运营商名称、未处理事件及时间等。

（2）标题区。主要显示 Logo、名称、版本及相关的图文信息。

（3）功能操作区。这是软件的核心部分，也是版面上面积最大的部分，包含列表、焦点、滚动条、图标等很多不同的元素。不同级的界面包含的元素是不同的，需要依据具体情况合理搭配运用。

（4）公共导航区。公共导航区也称为软键盘区域，主要是针对软件的操作需要进行大面积控制的区域。在这里可以保存当前操作结果、切换当前操作模块、退出软件系统，实现对软件的灵活操控。对于嵌入式的软件，界面版式的设计，在一定程度上需要参考其他内容相符的手机系统界面版式设计，确保形式的基本统一，这样更有利于系统与软件的组合。当然也需要考虑到软件本身的运用特点，综合操作的可用性和实施性，对模块样式进行适当的调整，使信息呈现的区域之间协调统一，详略得当，确保手机用户可以方便迅速地进行功能项目的操作。针对整个手机的操作系统界面，需要根据不同的需求进行不同风格的设计。

要点 5：iOS 界面基础设计规范

iOS 界面基础
设计规范

（1）界面尺寸规范。在进行界面设计的时候，要了解产品的尺寸，这样才能够做出合理的设计。图 1-3-6 是苹果机型和对应的设计尺寸。在做 iOS 界面时，推荐 750px×1334px 的尺寸来做设计稿，这是向上向下都最容易适配的尺寸，包括用这个尺寸去适配 Android 版。除了 iPhone X 的比例特殊外，其他的 iPhone 比例几乎差不多，比较容易适配。使用 Photoshop 设计时，画布建成 750px×1334px 尺寸即可，在这个前提之下，导出原尺寸图片加后缀@2x，适配 iPhone 5/5S/5C/SE/6/6S/7/7S/8，导出 1.5 倍图片加后缀@3x，适配 iPhone 6/6S/7/7S/8 Plus/X。

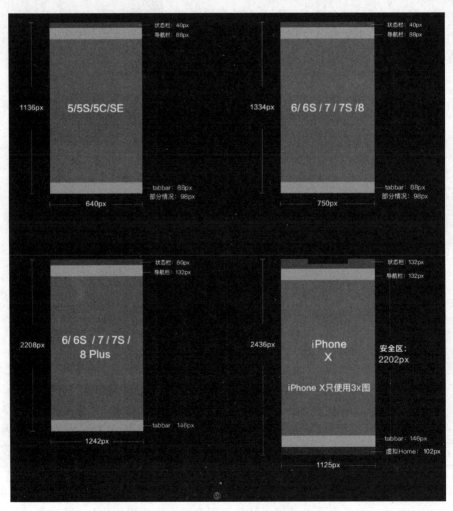

图 1-3-6　苹果机型和对应的设计尺寸

（2）字体规范。在 iOS 中，目前中文字体为"苹方"，英文和数字字体为 San Francisco。字号使用建议（这个不是硬性规定，根据视觉效果酌情使用）：导航文字 34～38px，标题文字 28～34px，正文文字 26～30px，辅助文字 20～24px，标签栏文字 20px。

（3）图标规范。在 iOS 中，图标尺寸有严格的要求，具体内容详见图标设计项目。图标设计建议：App 应用图标，建议使用 1024px×1024px 尺寸去做，逐级缩小去应用到各种场景中，如图 1-3-7 所示。

图 1-3-7 App 应用图标

（4）界面适配。自适应的界面可以很好地适配各种机型；如果有特殊的布局要求，可以让开发者根据特定机型去调整，无需单独为各类机型再做设计稿。

覆盖全屏类的界面，如闪屏、启动页、引导界面、插画页面等，必须要单独为 iPhone X 的比例重新绘制或调整设计稿。其他的 iPhone 机型，只需将界面整体放大、缩小，微调之后按照各机型的设计尺寸输出对应的切图即可。

iPhone X 的安全区域是扣除顶部刘海状态栏和底部虚拟<Home>键之后，中间的内容显示区域。如果不得不使用 iPhone X 的尺寸做设计稿，一定要设置好参考线，不要把内容放进这两块区域内部。

（5）界面标注切图。标注切图环节是重复性劳动，还要花费大量时间。现在使用 Sketch 插件或 PxCook、蓝湖、墨刀等辅助软件，基本上实现了标注切图的自动化，工作效率已经提升了很多，如图 1-3-8 所示。

设计稿中需要标注的内容为按钮、文字、图标、列表、背景色、线条等所有的设计元素。设计稿的标注，实质上是标注的各类控件的属性以及相对于其他控件的关系，如文字的自身属性，包括颜色、字号、字体、行间距、对齐方式、透明度；图片的自身属性，包括宽高、间距、距离、透明度。

设计稿的切图，iOS 目前常用的还是输出 2 套 PNG 图片。@2x、@3x 的后缀，是为了在 Xcode 导入图片资源时，识别对应机型所用的图片。Xcode 里提供了相应的位置，相同命名图片会根据后缀填入到对应的位置。

切图输出格式。对界面设计来说，常用的图片格式为以下 3 种：①PNG，常用图片格式，目前大部分产品在使用此格式；②WebP，Android 的图片格式，同等质量图片下体积非常小，推荐给 Android 系统使用；③SVG，矢量格式，能够解决适配问题，但也有部分缺点。

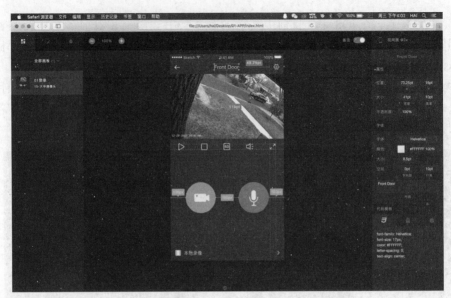

图 1-3-8　Sketch 插件标注

切图输出规范。同一类型、位置的切图，要保证切图尺寸、规格一致，图片尺寸为偶数大小。有操作功能、可点击的功能性切图，存在最小点击区域问题，如图 1-3-9 所示，不够最小点击区域大小的图标，使用透明像素补。非功能性切图，比如列表图标、说明图标等，按统一规格的最小尺寸切，但要保证是偶数尺寸，如图 1-3-10 所示。

图 1-3-9　补像素切图

图 1-3-10　最小尺寸切图

要点 6：Android 系统界面基础设计规范

（1）屏幕密度。因为 Android 手机机型种类多样，数据零散，不好整理。学习者可以从屏幕密度的角度理解设计规范，如图 1-3-11 所示。

Android 系统界面
基础设计规范

图 1-3-11　Android 系统屏幕密度

　　正因为 Android 手机分辨率多样，为了保证同一设计在不同屏幕密度的手机上显示效果一致，Android 系统使用了下面两个单位。

　　1）dp：Android 开发单位，相当于比例换算单位。使用该单位可以保证控件在不同密度的屏幕上按照比例解析显示成相同视觉效果。

　　2）sp：Android 开发文字单位，和 dp 类似，也是为了保证文字在不同密度的屏幕上显示相同的效果。

　　当屏幕密度为 MDPI（160DPI）时，1dp=1px；当屏幕密度为 MDPI（160DPI）时，1sp=1px。按照上面公式的换算，同样 dp 大小的图片在不同屏幕密度的手机上显示的情况，如图 1-3-12 所示。

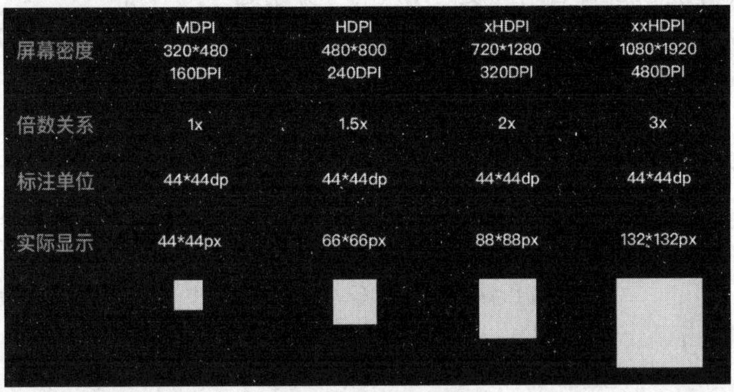

图 1-3-12　同样 dp 大小的图片在不同屏幕密度的手机上显示的情况

　　在 xHDPI 这个密度等级下，倍数关系为 2，因此推荐使用 720px×1280px 尺寸做设计稿，换算方便，适配容易。如果公司的产品有 iOS 和 Android 两个版本，基本上设计师只会做 iOS 的版本，然后套用给 Android，这样做也是可以的。两者的切图，在这个设计尺寸之下是可以通用的。

　　（2）字体规范。在 Android 系统中，目前中文字体为思源黑体，英文字体为 Robot。在 App 界面设计中，不管是针对 iOS 还是 Android 系统，字体大小都不是一成不变的。实际运用中还需结合界面的美观度做适当调整。

　　（3）设计稿的标注。设计稿标注时，推荐使用 dp 和 sp 进行标注。如果采用 720px×1280px 做的设计稿，使用像素单位标注也可以。其他有关标注的内容参看 iOS 标注。

　　（4）设计稿的切图。对于 Android 系统，如果想完美适配各种机型，应该为不同的屏幕密度提供不同尺寸大小的切图，而 Android 的开发工具也为不同的屏幕密度提供了对应的资源文件夹。但实际上，需要提供多少套图片，需要和公司的开发人员沟通，确定产品实际支持的屏幕密度。

　　切图图片格式，推荐 Android 系统使用 WebP 格式，其体积小，显示效果好。而 SVG 矢量图片格式则完美解决了 Android 系统多套切图的问题，一套切图就能完美适配各种屏幕密度。

　　Android 系统中最小点击区域为 48dp，这和 iOS 的最小点击区域性质是一样的，都是考虑到手指点击的灵敏性的问题，设计可点击控件要考虑到这一点。

任务检测

要点测试

1．单选题

（1）在制作 iOS 设计稿时，制作的是@2x 界面，还需要输出一套（　　）界面。

    A．@1x　　　　B．@2x　　　　C．@3x　　　　D．@1.5x

（2）Android 系统中最小点击区域为（　　）。

    A．48dp　　　　B．24dp　　　　C．56dp　　　　D．88dp

2．多选题

（1）苹果公司和 Google 公司开发的系统名称分别是（　　）和（　　）。

    A．WP　　　　B．iOS　　　　C．Android　　　　D．Symbian

（2）在 Photoshop 中常用到的单位是（　　）。

    A．px　　　　B．dpi　　　　C．in　　　　D．dp

（3）在 iOS 中，目前中文字体为（　　），英文和数字字体为（　　）。

    A．苹方　　　　B．San Francisco　　　　C．思源黑体　　　　D．Robot

（4）在 Android 系统中，目前中文字体为（　　），英文和数字字体为（　　）。

    A．苹方　　　　B．San Francisco　　　　C．思源黑体　　　　D．Robot

（5）切图输出格式一般使用（　　）。

    A．PNG　　　　B．WebP　　　　C．SVG　　　　D．PSD

3．判断题

（1）界面的主要构成被分为 4 个标准的信息区域有：状态栏、导航栏、内容区、标签栏。

（　　）

（2）在 iOS 中，图标尺寸有严格的要求，App 应用图标，建议使用 1024px×1024px 尺寸去做，逐级缩小去应用到各种场景中。（　　）

（3）同一类型、位置的切图，要保证切图尺寸、规格一致，图片尺寸为奇数大小。

（　　）

（4）有操作功能、可点击的功能性切图，存在最小点击区域问题，够最小点击区域大小的图标，使用透明像素补。（　　）

拓展思考

移动端界面基础设计规范中哪些规范是需要严格执行，哪些规范可以结合界面的美观度做适当调整？

任务4　交互设计基础

任务要点

要点 1：基本术语

（1）用户体验设计（广义的交互设计）。创始人 Don Norman 对用户体验的定义为"用户体验是指一个人使用一个特定产品或系统或服务时的行为、情绪与态度。包括人机交互时的操作、体验、情感、意义、价值，包含用户对于系统的功能、易用、效率的感受。"用户体验设计是以用户为中心的一种设计手段，以用户需求为目标而进行的设计。用户体验的概念从开发的最早期就进入整个流程，并贯穿始终。在整个设计过程中，3 个最重要的关键词为可用性（Usability）、易用性（Ease of use）、情感性（Affective）。

1）可用性。可用性主要从以下 5 点来衡量。

①可学习性（Learnability）：初次接触这个设计时，用户完成基本任务的难易程度。

②高效性（Efficiency）：用户是否能方便快捷地完成任务。

③可记忆性（Memorability）：当用户一段时间没有使用产品后，是否能马上回到以前的熟练程度。

④容错度（Errors）：是否有合理的容错机制，用户能否从错误中恢复。

⑤满意度（Satisfaction）：用户对产品的主观满意度。

2）易用性。易用性是指一个产品对不同的人的支持程度。例如，网页对色盲色弱用户的支持程度，建筑对残疾用户的支持程度。易用性越高，意味着这个产品设计包容度越广，越具人性化。

3）情感性。情感性是使用的过程中能给用户带来愉悦感和情感共鸣。这常常体现在一些细节刻画中。例如，微信中发送"生日快乐"会飘出很多小蛋糕，如图 1-4-1 所示；百度每日不同主题的 Logo 插画，如图 1-4-2 所示。这些细节看似可有可无，但它们可能会在某个不经意的瞬间打动人心，留住用户。

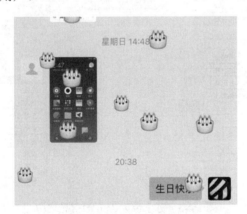

图 1-4-1　微信小蛋糕

图 1-4-2　百度主题 Logo 插画

（2）信息架构（Information architecture）。信息架构用两个字概括就是"分类"，苏宁悦读 App 的信息架构如图 1-4-3 所示。就像走进商场时，看到商场楼层主题名称"1F 时尚名品馆；2F 花样淑女馆；3F 雅仕名流馆；4F 运动休闲馆；5F 主题美食馆……"在 1F，时尚名品馆又分为首饰区、珠表区、皮包区等。根据楼层主题分类可以很快地到达那个区域，找到自己想要的东西。同理，互联网产品的信息架构设计也是一样，清晰的组织系统、导航设计、标签、搜索系统是四大关键点。

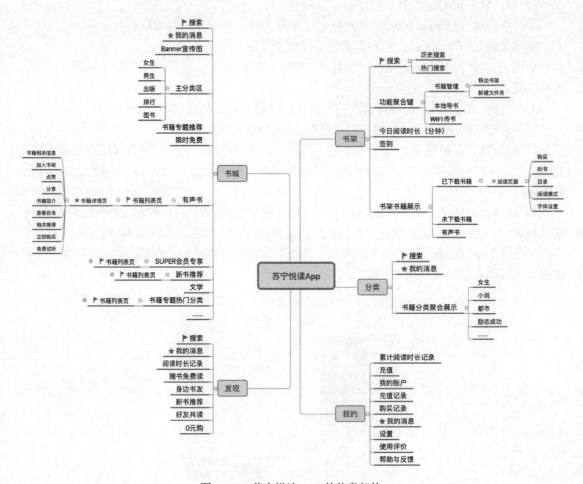

图 1-4-3　苏宁悦读 App 的信息架构

（3）任务流程（Task flow）。任务流程设计就是去设计如何引导用户完成一项任务。还以上述商场为例，假如现在要去买运动装，那么需要做的步骤如下：到达商场→电梯/步梯上 4楼→到达 4 楼 A 区→走进一家商店→试衣→满意付款→不满意换一家接着逛→找到满意的为止。设计师首先需要做的就是理清这个用户购买的流程，然后思考其中电梯、步梯、商店的设置，优化这些流程帮助用户更快地买到心仪的运动装。类比到互联网产品中，其实就是做用户购买、发布、收藏、搜索等流程的工作。

（4）故事板（Storyboard）。故事板简而言之就是用一系列草图来表达出某个产品的功能。当产品功能比较复杂，用文字难以表述清楚时，可以尝试故事板。故事板不用像艺术画般绘制得很精细，可以随意地画几个图形释义，只要能够清晰传达出想要表达的概念和想法即可，如图 1-4-4 所示。

图 1-4-4 故事板示例（图片来自"优设网"，作者：书灵的织梦国度）

（5）故事情节设计（Scenario）。故事情节设计主要着眼于产品的使用场景，它很重要，且不同于故事板。故事板主要是对产品功能进行图形表述，而产品的使用场景，需要考虑目标用户究竟在哪些环境下使用，从而进行操作，如图 1-4-5 所示。以听歌 App 举例，用户可能会在家里、地铁、公司等场景听歌，理清目标用户可能涉及的场景，会直接影响产品功能模块，这就要考虑如何增强与用户的交互性等。

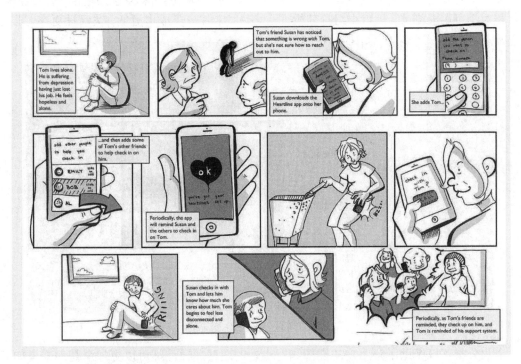

图 1-4-5 故事情节设计（图片来自"知乎网"，作者：饮水思源）

（6）用户画像（Persona）。通过人种志调查，得到基于真实人物的行为、观点、动机，将这些要素提炼出一组对产品目标用户的描述，形成一张人物模型卡片。在这张卡片上面，设计师可以清晰地看到目标用户的样子，有名字、照片、家庭、工作、喜好等，从这些特质可以知道他期望什么？为什么期望这些？以及他会在哪些场景下做什么？这张卡片上的所有要素构成称之为用户画像，如图 1-4-6 所示。

图 1-4-6 用户画像要素案例

　　（7）卡片分类（Card-sorting）。卡片分类是根据目标需求，准备一些不同颜色的便利贴，写上需要用户分类组织的主题短语，如图 1-4-7 所示。卡片分类犹如一种"生成方法"，可以让产品设计者知道用户是如何看待、操作、思考他们的产品，更加深入地了解用户的心智模型。而且相对于可用性测试、焦点小组等分析方法来说，卡片分类成本更低、灵活性更高，非常适合小需求、小组织/个人对需求的分析与验证。

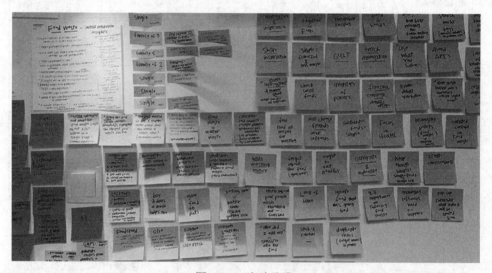

图 1-4-7 卡片分类

　　卡片分类可以帮助了解用户的期望和对主题的理解。设计师可以更加清楚地知道如何构建界面结构，决定在主页上放什么，并据此设计出符合用户心智的标签类别和导航。

　　选择卡片分类的原因：①现有数据基本确定，需要找出和用户诉求相匹配的内容；②交互经理或产品经理的想法会过于主观，需要权衡多人的意见才能做出决定；③需要发现各个内容间是否有隐藏的逻辑关系。

　　（8）可用性测试（Usability test）。在用户体验概念中，可用性是一个非常重要的关键词。当设计师在完成一个功能的交互设计后，如果想要在产品上线前快速了解用户在真实场景使用过程中是否存在问题或障碍，就可以采取可用性测试研究方法。绘制出线框图，不管是纸质的还是线上的，招募 6～10 名用户参与可用性测试。国外曾有实验研究表明，当可用性测试人数为 12 名时，可以发现大约 85% 的问题。如果超过 12 名，发现问题的概率就迅速降低了。所以，实际需要参与人数，可以根据项目情况由研究员决定。在可用性测试过程中，设计师要与参与者保持良好的沟通，在看到参与者有困惑或操作错误的地方，要及时进行询问和记录。不要刻意去引导参与者操作，让他们依据自己的使用习惯，设计师来发现问题就好。

（9）A/B 测试。A/B 测试研究方法常常与转化率这个数据指标相关联，是测试哪一种版本更有利于目标数据的实现的方法。A/B 测试需要有两个版本，对目标用户分为两组，分别给他们使用不同的版本，在其他设定条件相同的情况下，测试究竟哪个版本更有利于我们关注的指标的实现。

例如，每种类型的 App 都有自己想要实现的目标，电子商务 App 希望用户能够多购买商品，银行 App 希望用户资金多在银行储蓄/理财，新闻 App 希望用户能够多点击投放的广告。每个网站都期望达到自己的目标，从而获取收益。运用 A/B 测试，能够了解究竟哪个设计版本能够符合产品目标用户的期望，从而促成业务/数据目标的实现。

（10）情绪板（Moodboard）。情绪板是通过采集一系列的图像、文字，实物样本，进行视觉元素的拼贴，旨在通过用户情绪确定产品定位和视觉风格。例如金融产品，先确定用户期望的原生关键词，如安全、专业、信赖等。根据原生关键词，开始衍生到具体物品，如安全可以联想到盾牌、保险箱、锁等。衍生完具体物品后，设计师开始进行图片的搜集，最后邀请用户对这些意象进行选择。如此，通过直观的视觉图片和用户选择，可以洞悉用户情绪，从而确定产品气质。

要点 2：用户研究方法

用户研究的目的从产品层面讲是了解用户需求，评估产品可用性和用户体验，从而改进产品；从认知层面讲是理解用户行为，构建用户理论，从而指导设计和实践。

用户研究的常规步骤：设定研究目的→选择研究方法→开展研究及记录→研究总结和报告。

下面介绍的常用用户研究方法可从定性和定量、研究者是否介入两个角度归类。参与式观察、访谈、日记研究、有声思维、民族志、田野/实地研究、录音录像等为定性研究方法，用户实验、问卷、日志分析、A/B 测试等为定量研究方法，具体如图 1-4-8 所示。

	研究者介入（Obtrusive）	研究者不介入（Unobtrusive）
定性（Qualitative）	参与式观察（partipatory observation） 访谈（Interview） 日记研究（Diary research） 有声思维（Think- aloud protocols）	民族志（Ethnography） 田野/实地研究（Field research） 录音/录像（Audio/Mideo recording）
定量（Quatitative）	用户实验（Experiments） 问卷（Questionnaire）	日志分析（Log analysis） A/B 测试（A/B testing）

图 1-4-8　常用用户研究方法

（1）观察法：研究者根据一定的研究目的、研究提纲或观察表，用自己的感官和辅助工具仔细查看被研究对象，从而获得资料数据的一种方法。

1）观察表。①观察布景：自然布景/人为布景。②观察对象：取决于抽样方案。③观察内容：开放式/半开放式/封闭式。④观察者角色：参与式、半参与式、非参与式。⑤观察的结构：定量（一些特定指标）+定性（描述性为主）。观察表举例如图 1-4-9 所示。

观察主题：				
顺序	1	2	3	4
活动 (Activities)				
环境 (Environments)				
互动 (Interactions)				
物体 (Objects)				
用户 (Users)				

图 1-4-9　观察表举例

2）时间安排。①实地前：准备观察方案、记录表、设备等。②实地：实时观察、记录，整理笔记填写观察表。③实地后：数据分析汇总。

3）观察法优缺点。①优点：一手数据，相对客观，适合研究"行为"（而非"态度"）。②缺点：耗时，成本高，可能有伦理问题。

（2）访谈法：用提问交流的方式，了解用户体验的过程。该研究方法具有以下特点：①用于了解被访者的背景、态度、行为，使用开放式问题，数据包括结构化与非结构化的数据。②访谈时间可以很长。③与有引导对话相似。④需要对回答追问。

1）访谈法类型：预先写下问题/现场互动，正式/非正式，个人/群体，记录/无记录，实地/线上/特定环境。

2）访谈法流程：介绍→暖场→一般问题→深入问题→回顾/总结→结束语。

3）访谈法的准备：研究话题（话题描述语言/被访者背景），计划提问大纲，准备好访谈的切入点，明确被访者为什么想与你交谈。

4）招募被访者需要注意的内容：选择具有代表性、能提供话题相关信息、愿意交谈的被访者；招募数量需达到数据饱和点（即新的被访者能提供的新信息很少时）。

5）收集数据的格式：视频音频、被访者材料、研究者笔记或问卷。

6）访谈技巧：①从与被访者相关的问题问起；②特定问题要简要；③使用开放性问题让被访者提供更多更深的想法；④使用非定向的探询；⑤一些特定问题可以设定追问的问题；⑥当被访者表述模糊时进行确认。

7）焦点小组访谈：集中在一个或一类主题，用结构化的方式揭示目标用户的经验、感受、态度、愿望而进行的多人同时访谈（可用于品牌测试、产品测试、解决问题等）。

8）焦点小组访谈技巧：①可分组以使得分享最大化；②避免权力等因素的影响；③主

持人应当尽早鼓励所有人说话，鼓励不同观点，不对不同观点进行评论，确保被访者明白沟通内容。

9）访谈的优缺点：①优点：信息量丰富；可以获得访谈前未料到的见解；可以在访谈者与被访者间建立较深厚的关系；访谈者可以充分引导被访者。②缺点：需要大量时间精力；需要对结果进行总结；可能有较大偏差；数据分析困难。

（3）日记法：被访者定期记录并提供有关产品的反馈。

1）日记研究设计：日记内容、日记形式、持续时间、时间表和采样率（固定时间间隔/信号触发/事件触发）等。

2）适用情景：长周期、研究用户行为动机、理解习惯和研究留存情况。

3）日记法优缺点。①优点：自然，成本低，可收集大量数据。②缺点：数据过多，参与者可能会忘记或感到无聊。

（4）日志分析。

1）行为日志数据：通过感应器收集人们的行为数据，数据是大规模的、实时真实发生的，并非被收集者回想的数据。

2）日志分析实践举例：用于改善网页搜索体验，页面行为数据研究（形成 help 文档），了解用户需求。

3）行为日志类型：有关于按钮点击数据、结构化回答信息、信息使用情况、信息需求情况、人们的想法等几个方面。

4）日志分析内容（以搜索场景为例）：①概况（查询频度、长度）；②目的分析（查询类型、主题）；③暂存特征（会话时长，切换搜索界面重新检索）；④点击行为（查询的相关结果，最终产生点击的查询）。

（5）用户实验。

1）用户实验步骤：建立假设→采集数据→分析→接受/拒绝假设。

2）通用任务表现的因变量有：完成任务时间，一段时间不用该产品后再用该产品时完成任务的时间，完成任务时发生的错误类型与数量，单位时间内错误数，使用帮助的次数，犯某错误的人数或比例，顺利完成任务的人数或比例。

3）用户实验流程：用户签署知情同意书→实验前背景问卷→介绍实验流程→训练环节→任务环节→实验后问卷。

要点 3：产品流程设计中的常见图

（1）功能流程图。功能流程是指产品的所有功能以及相互间的关系。产品功能本身是相互独立的，但是通过合理组合，可形成新功能。功能流程图就是以功能模块为类别，介绍模块下其各功能组成的图表。微信客户端主要的功能流程图如图 1-4-10 所示。

清晰大图

（2）信息结构图。为了清楚地描述一个对象，把信息按一定的逻辑，组合到一起形成信息结构图，它的绘制通常晚于功能结构图，往往是在产品设计阶段的概念化过程中，在产品功能框架已确定、功能结构已完善好的情况下才对产品信息结构进行分析设计。微信信息结构图如图 1-4-11 所示。

（3）产品结构。产品结构图是综合展示产品信息和功能逻辑的图，简单来说，产品结构图就是产品原型的简化表达。抖音产品结构图如图 1-4-12 所示。

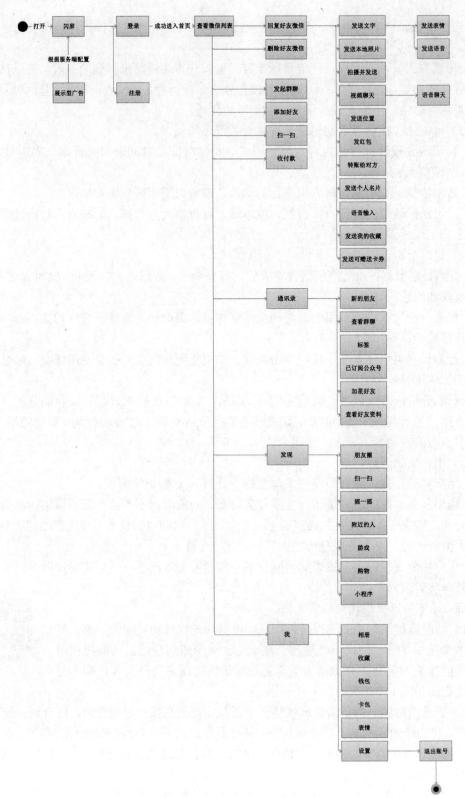

图 1-4-10　微信客户端主要的功能流程图（图片来自"人人都是产品经理网"，作者：浪子）

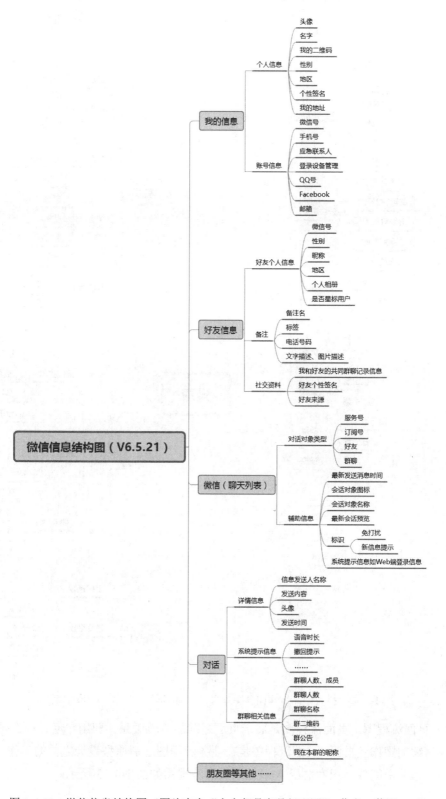

图 1-4-11 微信信息结构图（图片来自"人人都是产品经理网"，作者：蓝调 Lee）

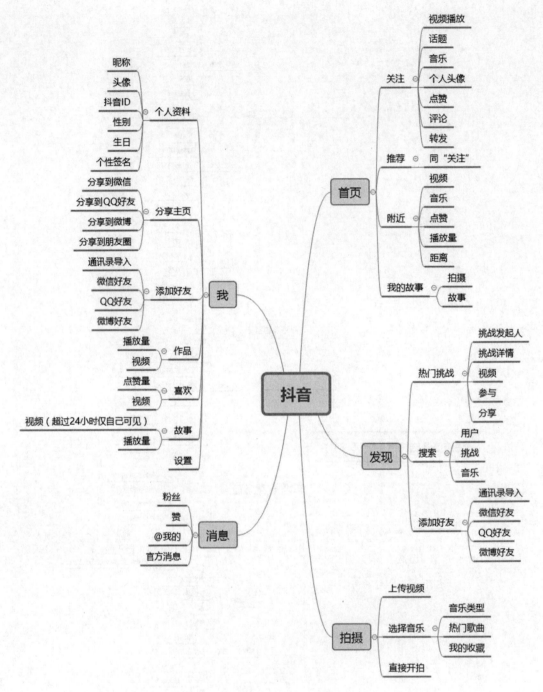

图 1-4-12　抖音产品结构图（图片来自"简书网"，作者：一般姑娘）

（4）页面流程图。页面流程图是展示页面之前的流转关系，即用户通过什么操作进了什么页面及后续的操作及页面，页面流程图是在业务流程图之后原型设计之前的工作，是提高绘制原型图效率的中间件。积木盒子 App 登录页面流程图如图 1-4-13 所示。

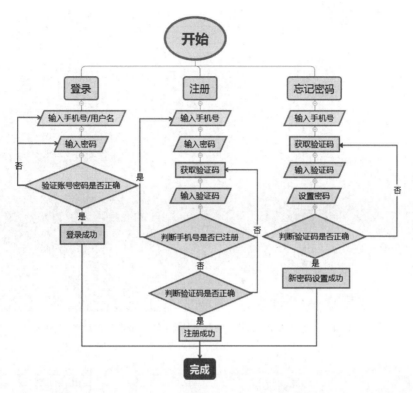

图 1-4-13 积木盒子 App 登录页面流程图（图片来自"人人都是产品经理网"，作者：hkjhuang）

要点 4：交互线框图

线框图是在视觉 UI 之前需要做的，为避免反复改稿、预算开发成本、与相关部门讨论方案可行性，需要快速高效地画出产品设计方案。线框图主要分为非软件绘制和软件绘制。在绘制原型时不要过多注重视觉细节，否则会本末倒置，影响思路和效率。

（1）非软件绘制。主要是采用手绘形式，可借助白板、纸张等材料。绘制成品主要有手绘线框图和手绘交互线框图，分别如图 1-4-14、图 1-4-15 所示。手绘的图不苛求精确的尺寸，展现出想法即可。

（2）软件绘制。软件绘制一般包括视觉软件绘制和原型软件绘制。视觉软件常指 Photoshop、Illustrator、Sketch 等视觉作图软件。原型设计软件常用的是 Axure、墨刀等。视觉软件绘制的缺点：软件本身功能庞大，不够轻便，且不方便团队协作；无法制作可点击的交互原型。视觉软件绘制如图 1-4-16 所示。原型软件本身嵌套大量设计模板，界面更加简洁，操作视觉化，可在手机上浏览效果；直接连线跳转，绘制可点击的交互原型，也可直接导出原型流程图，并分享为网页或图片，可以团队在线协作，直接共享同一个项目，实时更新反馈；支持直接从 Sketch 中导入设计稿。原型软件绘制的缺点：多为移动端原型设计，不适合 PC 端网页原型，不适合内容页面量大的原型。原型软件绘制低保真原型图和高保真原型图分别如图 1-4-17、图 1-4-18 所示。

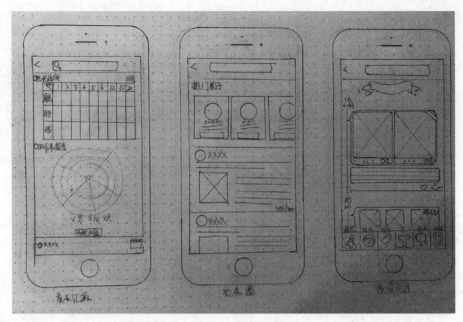

图 1-4-14　手绘线框图（图片来自"站酷网"，作者：欢跳的多肉）

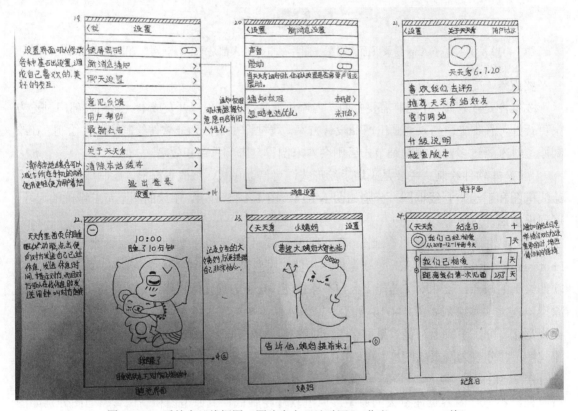

图 1-4-15　手绘交互线框图（图片来自"站酷网"，作者：snowman 静）

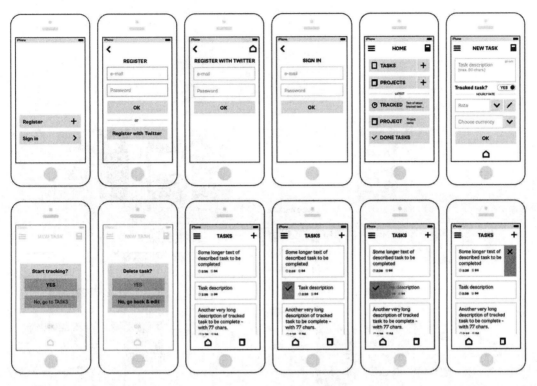

图 1-4-16 视觉软件绘制图

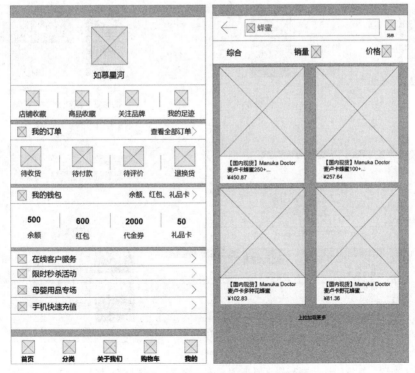

图 1-4-17 原型软件绘制低保真原型图

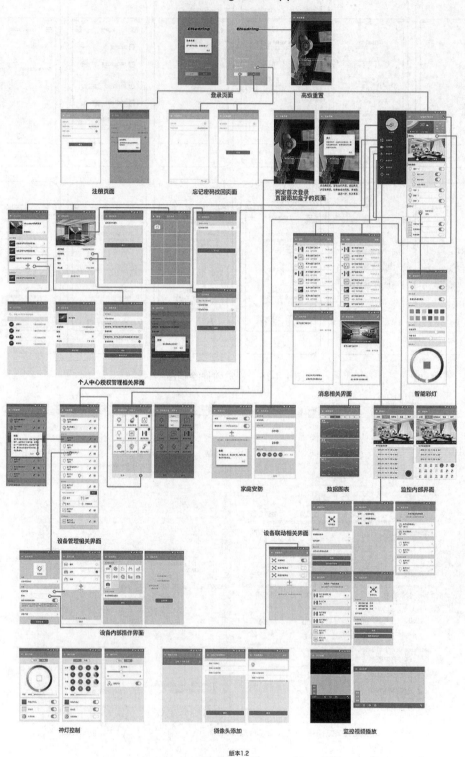

图 1-4-18　视觉软件绘制高保真原型图（图片来自"站酷网"，作者：o2innovation）

要点 5：人机交互常用手势

现在每次打开手机里的 App 时，都需要用到点击、拖、拉等动作，如图 1-4-19 所示。设计师与开发者不只要考虑用户点击屏幕哪里体验更好，还要考虑操作手势，操作动作，屏幕落点位置，以及用户能否直观地看到并使用等问题。

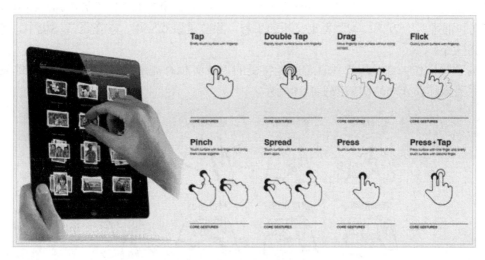

图 1-4-19　手机屏幕中用到的手势

手势的设计能让界面看起来更炫，因为一系列动作都潜藏在界面内部。手势减少了用户操作的繁琐程度，同时可以和不同规格的设备自由交互。现在流行的 App 中常用的手势操作，如图 1-4-20 所示。

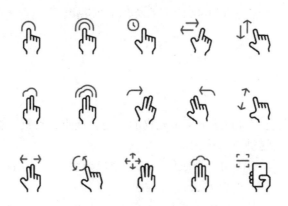

图 1-4-20　常用的手势操作

每个手势动作都需要在用户可操作的范围内。随着大屏手机销量越来越大，人机互动会越来越普遍，在设计中要注意这一点，即拇指的位置，也被称为"拇指区"。很多时候我们单手拿手机时都会用拇指滑动屏幕，拇指是操作手机最常用的手指。所以，拇指在手机上操作的区域要考虑清楚。因此，图标的规格就很重要。每个图标都需要设计足够大，以保证不同手指长度的人都可以在界面上自由操作。基于该原则，图标最小点击区域宽、高均为 44 点。当屏幕更大时，图标点击区域应相应扩大，如扩大到 80 点，这样可以使手指更容易点击。

　　聪明的触控不仅是完成一个任务或动作，最佳的交互设计体验是手势操作应该让用户开心，也可以做一个教学工具。设计最好的手势交互需要考虑用户如何与设备接触，是高举一只手，高举两只手，双手水平，还是根本不用手。

　　在设计手势操作时，要考虑到以下 5 点：①避免将不同的动作和标准的手势联系在一起；②避免创建自定义的手势，使用相同的动作作为标准手势；③使用多种手势作为快捷方式加快完成任务，而非唯一方式；④避免定义新的手势，除非是游戏应用；⑤在正常环境中，考虑使用多手指操作。

　　新的手势操作一定是用户凭直觉就能接受的，或者稍有提示用户就能明白，而非复杂繁琐的。手势操作动作缩略图如图 1-4-21 所示。

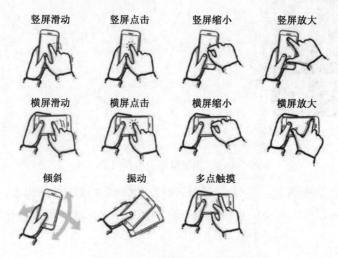

图 1-4-21　手势操作动作缩略图

任务检测

要点测试

1．单选题

（1）通过人种志调查，得到基于真实人物的行为、观点、动机，将这些要素提炼出一组对产品目标用户的描述，这种方法称为（　　）。

　　　A．卡片分类　　　B．用户画像　　　C．用户访谈　　　D．用户调查

（2）问卷调查是（　　）研究方法。

　　　A．定性　　　　　B．定量

2．多选题

（1）用户体验设计重要的是考虑（　　）三点因素。

　　　A．可用性　　　　B．易用性　　　C．情感性　　　D．舒适性

（2）定性研究方法有（　　）。

　　　A．参与式观察　　B．访谈　　　　C．日记研究　　　D．田野/实地研究

（3）产品流程设计中的常见图有（　　）。

　　　A．功能流程图　　B．信息结构图　　C．产品结构图　　D．页面流程图

3．判断题

（1）可用性主要从可学习性、高效性、可记忆性、一致性、简洁性这 5 点来衡量。
（　　）

（2）好的信息架构设计可以让用户迅速找到想要的信息。（　　）

（3）故事情景设计一般绘制得很精细，通过精细绘制传达出想要表达的想法。（　　）

（4）访谈法可以获得访谈前未料到的见解，但需要大量的时间和精力。（　　）

（5）现有数据基本确定，需要找出和用户诉求相匹配的内容，采用 A/B 测试方法。
（　　）

（6）在设计手机界面时要考虑手势操作方式，尤其是"拇指区"。（　　）

拓展思考

交互设计的目的和作用是什么？

任务 5　移动端界面设计基本原则

任务要点

要点 1：格式塔心理学五项法则

格式塔理论自 1912 年由韦特海墨（Max Wetheimer）提出，如图 1-5-1 所示，之后在德国得到迅速发展。

格式塔心理学派认为：人们在观看时，眼、脑并不是一开始就会区分一个形象的各个单一的组成部分，而是将各个部分组合起来，使之成为一个更易于理解的统一体，例如网络流行的桃形色块图样试验，如图 1-5-2 所示，图中两幅心形图案看起来颜色不同，而实际上，这两颗心是完全相同的粉红色，只是几何条纹蒙骗了我们的大脑。

图 1-5-1　韦特海墨（Max Wetheimer）

图 1-5-2　桃形色块图样试验

此外，格式塔心理学派坚持认为，在一个格式塔（即一个单一视场，或单一的参照系）内，眼睛的能力只能接受少数几个不关联的整体单位。这种能力的强弱取决于这些整体单位的不同与相似，以及它们之间的相关位置。如果一个格式塔中包含了太多的互不相关的单位，眼、脑就会试图将其简化，把各个单位加以组合，使之成为一个知觉上易于处理的整体。如果办不到这一点，整体形象将继续呈现为无序状态或混乱状态，从而无法被正确认知，简单地说，就是看不懂或无法接受。格式塔理论明确提出：眼、脑作用是一个不断组织、简化、统一的过程，正是通过这一过程，才产生出易于理解、协调的整体。

创始人提出五项法则：接近（Proximity）、相似（Similarity）、闭合（Closure）、连续（Continuity）、简单（Simplicity）。

（1）接近。单个视觉元素之间无限接近，视觉上会形成一个较大的整体。距离近的单个视觉元素会融为一个整体，而单个视觉元素的个性会减弱。利用接近原则，信息组之间用留白区分，页面元素会更简洁，阅读信息时的干扰也少，相近信息的关联也更紧密，如图 1-5-3 所示。

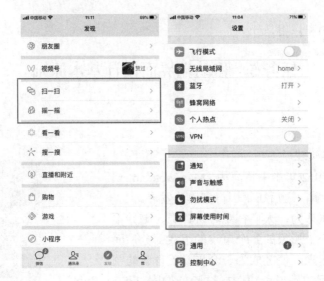

图 1-5-3　界面设计中接近法则运用

（2）相似。我们的眼睛很容易关注那些外表相似的物体，且不管它们的位置是不是相邻，总是把它们联系起来。如果图形在某一部分相似，如大小、形状、色彩，那么它们会趋向于一个整体。相似法则如图 1-5-4 所示。

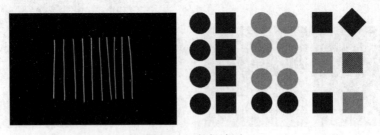

图 1-5-4　相似法则

在界面设计中，拥有相同功能、含义、层次结构的组件保持样式上的统一，这样会认为这些相似的元素表达的是相同内容。相似性帮助我们组织和对组内对象进行分类，并将其与特定的含义或功能联系起来，也可以使用户快速理解这个组件的操作方式，降低用户的学习成本。当相似性存在时，一个对象可以通过与其他对象的不同而被强调，这被称为"异常"，可用于产生对比或在视觉上进行强调。它可以将用户的注意力吸引到某种特定的焦点上，同时使其内容具有可浏览性、易发现性。界面设计中相似法则运用如图 1-5-5 所示，不同色块划分界面区域，不同颜色图标吸引注意，视觉强调。

图 1-5-5 界面设计中相似法则运用

（3）闭合。人们在观察熟悉的视觉形象时，会把不完整的局部形象当作一个整体的形象来感知，这种知觉上的结束，称之为闭合。如果局部形象过于陌生或简略，则不会产生整体闭合联想。闭合联想如图 1-5-6 所示。

 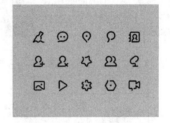

图 1-5-6 闭合联想

闭合有形状闭合、负形闭合、经验闭合。形状闭合：大脑会将形状趋于完整的形状闭合，多使用在字体、图形设计中。负形闭合：画面中的负形（留白）会形成用户熟悉的形象，被当作整体感知。用更少的视觉元素表达，减轻人在图形识别上的精力消耗。经验闭合：需要关注到趋势变化。闭合的类型如图 1-5-7 所示。

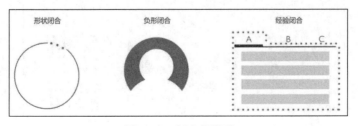

图 1-5-7 闭合的类型

（4）连续。视觉倾向于感知连续的形式而不是离散的碎片。人的视觉有追随一个方向的连续性，以便把元素联系在一起，使它们看起来是向着特定的方向的。视觉连续性如图 1-5-8 所示，图中看到的是蓝色和黄色线的物理交叉是很连续的，而并非是四条线相遇在终点。App 应用的引导页设计如图 1-5-9 所示，引导页通过分割的圆形将图片串连起来。App Store 的介绍页设计如图 1-5-10 所示，App Store 的介绍页把截图做成连续的图片。

图 1-5-8　视觉连续性

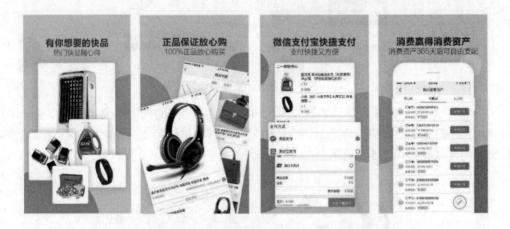

图 1-5-9　App 应用的引导页设计

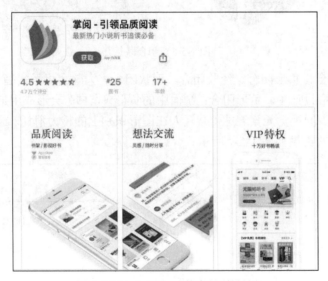

图 1-5-10　App Store 的介绍页设计

（5）简单。简单原理暗合构图法则，如常见的三角构图、均衡构图、对称构图、向心式构图（圆形）和对角线 X 型构图等，其目的都是为了在复杂的信息环境中，构建更易懂的整体。三角构图和对称构图如图 1-5-11 所示，向心式构图如图 1-5-12 所示。

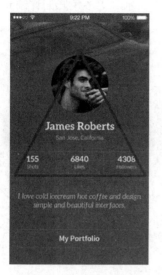

（a）三角构图　　　　　　　　（b）对称构图

图 1-5-11　三角构图和对称构图

图 1-5-12　向心式构图

我们可以发现，这些法则并不是独立存在的。简单更像是追求的目标，而接近、相似、关闭和连续则是实现这一目标的方法。

要点 2：界面视觉设计要素

（1）色彩。色彩不仅决定了 App 界面的整体风格，还直接影响使用者的用户体验。一般主体颜色会用于 App 界面的抬头部位或是界面中的主体元素上，再用其他颜色来辅助主体颜色。一般 App 色彩的选择要根据 App 的内容来决定，通过不同的颜色向用户传达不同的情感。

例如，黑、白、灰会给人一种典雅与孤独的感觉，黑色也会给人一种潮流感，白色会给人包容之感。在 App 的界面设计中，一般会选择一种主体颜色，多用黑、白、灰等颜色作为辅助颜色和界面的背景颜色。界面色彩搭配如图 1-5-13 所示。更多色彩的详细介绍请见项目二。

图 1-5-13　界面色彩搭配

（2）文字。在 App 界面中，文字也是视觉传达的重要因素，设计师若能选择一种合适的文字表达形式，将会提高文字的使用效率。在选择 App 界面字体时要考虑 4 个因素：文字的大小、文字的排版、文字的可读性、文字的辨识度。文字的大小取决于手机屏幕的尺寸，使文字在手机界面的使用中占有适当的比例；文字的排版即文字在画面中的安排，如在设计界面时，设计师要考虑文本的位置、颜色、对齐方式、加粗、对比度等一系列问题；文字的可读性是指文字在语言表达上的准确性，即是否会出现词不达意的情况；文字的辨识度是指当文字在界面中出现时，用户阅读的流畅度。这要求设计师掌握好文字的字号、字体、字间距以及行距等。

1）字体基本术语。在排列字体时，有一些对字体之间距离、大小等的一系列标准术语，如"基线""行距"等，这些术语分别表示字体排列的位置和距离，如图 1-5-14 所示。

图 1-5-14　字体基本术语

注意："X 字高"在排印学中是指字母的基本高度，但是在设计领域中代表一个字体的设计因素，因此在一些场合中字母 X 本身并不完全等于 X 字高。

2）衬线字与非衬线字。衬线字是指在字的笔画开始及结束的地方有额外的装饰，而且笔画的粗细会因横竖的不同而有所不同。非衬线字没有衬线字这些额外装饰，而且笔画粗细大致差不多。衬线字与非衬线字如图 1-5-15 所示。

3）字体排版。在 UI 设计中，优秀的文字排版可以使文字内容能够简单且清晰地展现出来，使读者更容易阅读。字体排版时需要注意的内容如图 1-5-16 所示。

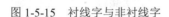

图 1-5-15　衬线字与非衬线字

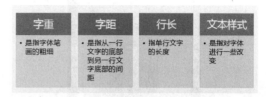

图 1-5-16　字体排版时需要注意的内容

（3）图标。手机 App 界面的图标能够使用户更加深刻和直接地了解 App，使信息直接表意于用户，如图 1-5-17 所示。图标的设计风格有很多种，如线性图标、面性图标、线面结合图标、扁平图标、轻拟物图标、拟物图标、手绘型图标等。其中拟物化图标以模拟真实事物为主，图标具有质感、光影等特点；扁平化图标以简洁化为主，运用线条、色块等元素来勾勒出图标。就大众审美的趋势来看，简洁的图标更为大众所爱，能够清晰明了、准确无误地传达使用功能，而拟物化的图标虽富有趣味性，但容易造成视觉疲劳，增加运载负担，所以简洁化的图标是目前普遍采用的风格。更多图标的详细介绍请见项目三。

图 1-5-17　图标

（4）图片。图片在 App 界面设计中是非常常见的，图片的质量和展现方式都会影响用户对产品的感官体验。主要体现在图片比例、图片排版两个方面。

1）图片比例。不同比例的图片所传递的主要信息各不相同，我们需要结合产品的特点，并根据不同的场景来选择合适的图片比例进行设计。

1:1 是比较常见的图片设计比例，相同的长宽将构图呈现得简单，主体突出，常用于产品、头像、特写等展示场景，如图 1-5-18 所示。

4:3 的图片比例使图像更紧凑，更容易构图，便于开展设计，也是常用的图片比例之一，如图 1-5-19 所示。

图 1-5-18　1:1 图片比例

图 1-5-19　4:3 图片比例

16:9 的图片比例可以呈现电影观影般的效果，是很多视频播放软件常用的尺寸，能带给用户一种视野开阔的体验，如图 1-5-20 所示。

图 1-5-20　16:9 图片比例

16:10 的图片比例最接近黄金分割比，而黄金分割具有严格的比例性、艺术性、和谐性，蕴藏着丰富的美学价值，被认为是艺术设计中最理想的比例，如图 1-5-21 所示。

2）图片排版。图片的排版类型有很多种，根据不同的场景和所需传递的主体信息来选择与之相符的展现方式，以下是常见的 5 种排版类型。

①满版型。满版型是以图片作为主体或背景铺满整个画面，常搭配文字信息或图标修饰，视觉传达直观而强烈，给人大方、舒展的感觉，如图 1-5-22 所示。

图 1-5-21　16:10 图片比例

②通栏型。通栏型是指图片与整体页面的宽度相同，而高度为其几分之一甚至更小的一种图片展现方式，最常见的就是轮播图（Banner）。通栏型图片宽阔大气，可以有效地强调和展示重要的商品、活动等运营内容，如图 1-5-23 所示。

图 1-5-22　满版型

图 1-5-23　通栏型

③并置型。并置型是将不同的图片作大小相同而位置不同的重复排列，可以是左右或上下排列，能给原本复杂喧闹的版面带来秩序、安静、调和与节奏感，如图 1-5-24 所示。

（a）左右并置　　　（b）上下并置

图 1-5-24　并置型

④九宫格型。九宫格型是用 4 条线把画面上下左右分割成 9 个小块，可以把 1 个或 2 个小块作为一个单位填充图像，这种构图给人严谨、规范、有序的感觉，如图 1-5-25 所示。

图 1-5-25　九宫格型

⑤瀑布流型。瀑布流型的图片会在页面上呈现参差不齐的多栏布局，降低了界面复杂度，节省了空间，使用户专注于浏览，去掉了繁琐的操作，体验更好，如图 1-5-26 所示。

图 1-5-26　瀑布流型

（5）空间。

1）栅格系统。栅格系统英文为 Grid systems，是一种平面设计的方法与风格，运用固定的格子设计版面空间布局，其风格工整简洁，已成为当今出版物设计的主流风格之一，如图 1-5-27 所示。

（a）设计时使用栅格系统　　　　　　　　（b）最终效果

图 1-5-27　栅格系统

使用栅格系统，可以让界面的信息呈现更加美观、易读和规范，设计时可以采用"8 像素"栅格规则来指导元素尺寸和间距的制定，如图 1-5-28 所示。

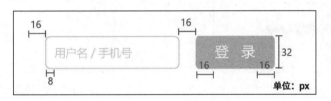

图 1-5-28　8 像素栅格规则

小贴士：为什么是 8 像素？

为什么用 8 而不是 5 或 7 呢？因为 8 是一个偶数，在 UI 设计过程中，对于 Android 系统需要导出特殊的@1.5x 的切图，如果图片尺寸为奇数，则会出现半像素和虚边的问题，而用偶数像素则可以避免这种情况。

为什么用 8 而不是 6 或 10 呢？因为目前主流的屏幕尺寸大部分都是 8 的整数倍，如 1920px×1080px、1280px×1024px、1280px×800px、1024px×768px 等。即使某些屏幕边长像素不是 8 的倍数，在设计中仍然可以尽量做到自定义元素的长、宽、页边距以及文本间距都是 8 的整倍数来维持设计的一致性。

2）留白。对于一些特殊的页面，如引导页、闪屏页、促销页等，可以不用严格按照栅格系统进行设计，但需要注意空间留白的运用。

留白具有 4 个属性，分别是层次感、焦点、韵味和呼吸。层次感：留白可以使页面的层次感得到极大的增强，留白越大，模块、信息间的层次感越清晰。焦点：元素越多，人的视觉注意力越容易分散，相反，元素越少则留白越大，注意力则会更有效地聚焦在重要的内容上。

韵味：留白具有"此时无物胜有物"的感觉，犹如中国的水墨画，留白运用于页面设计中，韵味也会出现。呼吸：留白的呼吸属性可以想象成周围的空气，当空气中的颗粒物（界面中的元素）特别多时，人的呼吸也会觉得不通透，相反，留白越多时，呼吸感越顺畅。

　　留白的表现形式有轻度留白和重度留白两种。轻度留白是常见的页面留白设计形式，在传递出雅致、高端、文艺等气质的同时，又能将信息表现得清晰直接，让页面更加简洁和实用。轻度留白融合了重度留白的优势，不受品牌属性的影响，几乎任何产品都可以用这种表现形式，如图 1-5-29 所示。重度留白是把主体缩小到极致，其传递出的雅致、空灵、高端气质是最强的，但与此同时，其他的属性也近乎为零。如"无印良品"品牌倡导简约、质朴的生活方式，原研哉赋予其设计理念就是"空"。所以，重度留白传递的不是产品，而是概念、气质和态度，如图 1-5-30 所示。

图 1-5-29　轻度留白　　　　　　　　　　图 1-5-30　重度留白

要点 3：设计原则

　　UI 设计师想要减少改稿次数，就要遵循设计原则，不靠感觉做设计。

　　（1）用户控制原则。UI 设计的一个重要原则是永远以用户体验为中心，让用户总是感觉在控制软件而不是感觉到被软件所控制。

　　1）操作上要让用户扮演主动角色，在需要自动执行任务时，要以允许用户进行选择或控制它的方式来实现该自动任务。

　　2）要提供用户自定义设置。每个用户的需求和喜好不一样，要使产品满足不同用户的个性需求，就要为用户提供类似于颜色、字体或其他选项的设置，如图 1-5-31 所示。

　　3）要让用户感觉软件的操作是顺利的、易于上手的。同时，出错界面要友好，让用户对产品有好感。

　　（2）一致性原则。一致性原则包括两个方面：一是尽可能允许用户将已有的要点运用到新产品中；二是在同一产品中的相同元素或术语要保持一致。

　　允许用户将已有的要点传递到新的任务中，可以方便用户更快地学习新事物，并将更多的注意力集中到任务上，从而使用户不必花时间来尝试记住交互中的不同，进而产生一种稳定、愉快的感觉。如果要开发一款购物程序，且在此之前，用户在其他购物网站或程序中已经有过购买经验，那么就可以使用相同或相似的名称来命名操作行为。例如，在选择商品时，很多网站或程序都将购物车设计成储存商品的容器，那么我们在开发购物程序时，也可以使用购物车或购物篮等来使用户快速明白这个操作行为的含义，方便其使用。

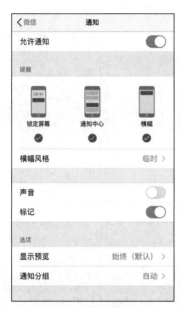

图 1-5-31　用户自定义设置

在同一款产品中，要使用一致的外观、字体、手势、命令等来展示同样的功能或信息，具体如下。

1）外观。一致的外观使用户界面更易于理解和使用，界面上的控件看起来应该是一致的。

2）字体。保持字体及颜色一致，避免一套主题出现多个字体，可以用不同的字号来显示内容的层级关系。对于不可修改的字段，最好统一用灰色文字显示。

3）手势。在手机或 Pad 程序中，通常会用手势进行操作，如放大/缩小、快进/快退等手势控制应保持一致，从而带给用户好的使用体验。

4）命令。要使用同样的命令来执行对于用户来说相似的功能。例如，在同一个产品中，如果要实现"编辑"功能，就在各处出现相似功能时都使用"编辑"字样，而不要出现"修改""设置""调整"等容易混淆的词汇。建议在项目开发阶段建立一个产品词典，它包括产品中常用术语及描述，设计或开发人员应严格按照产品词典中的术语词汇来展示文字信息。

图 1-5-32 所示的 3 个界面就很好地体现了一致性原则，其主要的颜色、分割的线条、使用的字体等视觉元素都是一致的。

（3）简单美观原则。任何产品或程序的 UI 设计都应该是简单、易于掌握和使用的。实际上，扩大功能和保持简单存在一定的矛盾性，一个有效的设计应该尽可能平衡这些矛盾。支持简单美观原则的一种方法就是将信息减到最少，只要能够进行正确交互即可，不相关或冗长的元素会扰乱设计，使用户难以方便地提取重要信息。例如，在开发一个运行在手机上的牙齿健康检测 App 时，在启动界面可以提示用户"如果要查看分析报告，可以用手指点击屏幕中间的数据，如果要挑选定制方案，可以左右滑动切换方案"。这些提示信息很详细，但是启动界面的时候可能只有 2～5s，而界面中相似的提示信息（如联系客服与设备配网等）还有很多条，用户难以在短时间内阅读完毕，更不要提掌握它们的使用方法了。如果将这些信息简化，借助手势图和方向箭头来表示，加以简单的文字说明，就可以很好地展示出使用信息，也可使用户在最短的时间内掌握使用该程序的方法，如图 1-5-33 所示。

图 1-5-32　一致性原则

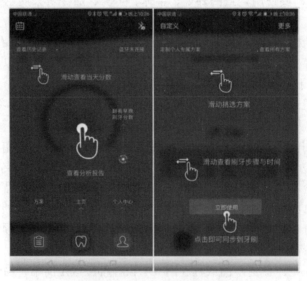

图 1-5-33　简单、便捷的提示信息

美观是 UI 设计的重要因素，不论是在何种设备上运行的程序，美观与否是用户对程序的第一印象。出现在界面上的每一个视觉元素都很重要，图形的创意、颜色的运用、可视化设计的技巧都是构成美观界面必不可少的要素，它们互相搭配，共同提升用户的视觉体验，提高用户的使用满意度，如图 1-5-34 所示。

图 1-5-34　简单、美观的界面设计

（4）布局合理原则。在进行 UI 设计时需要充分考虑布局的合理化问题，一般提倡多做"减法"运算，将不常用的功能区块隐藏，有利于提高软件的易用性和可用性。布局的合理化包括很多方面，具体如下：

1）要遵循用户从上而下、自左向右的浏览、操作习惯。

2）要注意将用户常用的功能按钮排列紧密，不要过于分散，以避免造成用户手指移动距离过长的弊端。

3）"确认"按钮一般放置在页面左边，"取消"或"关闭"按钮一般放置在页面右边。

4）所有文字内容和控件元素避免贴近页面边缘。

5）页面布局设计时应避免出现横向滚动条。

总体来说，布局设计是为了提升用户的使用体验，最适合用户使用的布局设计才是最合理的。图 1-5-35 所示的布局设计就很合理，信息浏览区域明显，操作简单，按钮位置符合用户使用习惯。

图 1-5-35　布局合理化

（5）响应时间合理原则。系统响应时间应该适中，如果响应时间过长，用户就会感到不安和沮丧；而响应时间过短也会影响到用户的操作节奏，甚至可能导致错误。因此，在系统响应时间上应该坚持以下原则。

1）用户操作后，要在 2~5s 内显示处理信息提示，避免用户误认为没响应而重复操作。

2）如果在加载信息或启动程序时超过 5s，应该添加进度条或进度提示，避免用户产生焦躁心理。

要点 4：设计风格

界面设计风格在不断发展变化，扁平化和拟物化是现代流行的界面设计风格，两种风格本身都存在着优缺点。设计风格只是工具，产品的"可用性"才是设计本身的重点。

（1）扁平化风格。扁平化风格的核心要义是去除冗余、厚重和繁杂的装饰效果。而具体表现在去掉了多余的透视、纹理、渐变以及能做出 3D 效果的元素，这样可以让"信息"本身重新作为核心被凸显出来。同时，在设计元素上强调抽象、极简和符号化。

扁平化设计给人的感觉是简洁、明了，让看久了拟物化设计的用户有了焕然一新的感觉，扁平化设计更突出主要内容，减弱简便、高光等拟真效果对用户视觉感知的干扰，让用户更加专注于内容本身，从用户体验上来说也更为简单易用，如图 1-5-36 所示。

图 1-5-36　扁平化风格

扁平化风格的优点：降低移动设备的硬件需求，延长待机时间；可以更加简单直接地将信息和事物的工作方式展示出来，减少认知障碍的产生；随着网站和应用程序在许多平台涵盖了越来越多不同的屏幕尺寸，创建多个屏幕尺寸和分辨率的拟物化设计既繁琐又费时。扁平化的设计可以保证在所有的屏幕尺寸上都很好看。扁平化设计更简约，条理清晰，最重要的一点是，具有更好的适应性。

扁平化风格的缺点：降低用户体验，在非移动设备上令人反感；缺乏直观，需要一定的学习成本；传达的感情不丰富，甚至过于冰冷。

（2）拟物化风格。拟物化是一种 GUI 设计外观风格，如软件界面上模拟现实物品的纹理。其目标是使用户界面让用户更加熟悉亲和，降低使用的学习成本。

顾名思义，拟物化风格是模拟现实物品的造型和质感，通过叠加高光、纹理、材质、阴影等效果对实物进行再现，也可适当程度变形和夸张，在设计界面模拟真实物体。拟物设计会让用户第一眼理解产品用途。

对于一个采用拟物化设计的产品来说，如果做得足够好，产品在视觉上将与真实世界的物品产生强烈的共鸣。但同时，共鸣越是强烈，越像真实的物品，它所带来的局限性也就越发明显，这也阻碍了产品的改进与革新。拟物化风格如图 1-5-37 所示。

图 1-5-37 拟物化风格

优点：认知和学习成本低，而且传达了丰富的人性化的感情。

缺点：拟物化本身就是个约束，会限制功能本身的设计。增加处理器的负担，影响机器的运作。拟物化设计需花费大量的时间和精力。

（3）微扁平风格。扁平化设计如今备受设计师们的青睐，是因为通过这种风格可以让设计更具有现代感，另外可以强有力地突出设计中最为重要的内容和信息。其实那些具有三维效果的属性，本身都是某段时间的流行风格，所以去除这些信息，就能让设计的作品不那么容易过时。为了适应时代的发展，扁平化设计最终还是会消失，会被别的设计风格取代。经过设计师们不断地策划和尝试，将扁平化风格进化到了一个新的风格——微扁平风格。微扁平设计是指在符合扁平化的简洁美学的前提下，增加一些光影效果，如微阴影、幽灵按钮、低调渐变等。微阴影和低调渐变效果如图 1-5-38 所示。

图 1-5-38 微阴影和低调渐变效果

小贴士：幽灵按钮

幽灵按钮也称为透明按钮，"薄"和"透"是这种设计的最大特色。不设底色不加纹理，按钮仅有一层薄薄的线框标明边界，确保了它作为按钮的功能性，又达成了"纤薄"的视觉美感。置于按钮之后的背景往往相对素雅，或加以纯色，或高斯模糊，或色调沉郁，使得即使有按钮也不影响观看全图，背景得以呈现又不影响按钮的视觉表达，双方相互映衬而达成微妙的平衡，如图 1-5-39 所示。

图 1-5-39　幽灵按钮

在 UI 设计中，统一的设计风格能给用户呈现整体一致的视觉体验，既有利于传达产品整体的品牌形象，又方便设计团队制定设计规范，减少设计风格不一致带来的沟通成本。因此，确定设计风格往往是 UI 设计的第一步。

任务检测

要点测试

1．单选题

（1）能够呈现电影观影般的效果，带给用户一种视野开阔的体验，是（　　）的图片。

    A．1∶1　　　　　　B．4∶3　　　　　　C．16∶9　　　　　D．16∶10

（2）（　　）的图片会在页面上呈现参差不齐的多栏布局，降低界面复杂度，节省空间。

    A．九宫格型　　　B．通栏型　　　　C．瀑布流型　　　D．满版型

2．多选题

（1）格式塔心理学五项法则是（　　）。

    A．接近　　　　　B．相似　　　　　C．闭合

    D．连续　　　　　E．简单

（2）选择 App 界面字体时要考虑（　　）因素。

    A．文字的大小　　B．文字的排版　　C．文字的可读性　　D．文字的辨识度

（3）留白具有（　　）属性。

    A．层次感　　　　B．焦点　　　　　C．韵味　　　　　D．呼吸

（4）UI 设计时应遵循的原则有（　　）。

    A．用户控制原则　B．一致性原则　　C．简单美观原则　　D．布局合理原则

    E．响应时间合理原则

3．判断题

（1）利用相似法则可以让相似的功能模块使用相同元素，也可通过异性元素强调突出功能。　　　　　　　　　　　　　　　　　　　　　　　　　　　　　　（　　）

（2）手机界面设计中建议优先选择衬线字体。（　　）

（3）4:3 是比较常见的图片设计比例，能够突出主体的存在感，多用于产品、头像、特写等展示场景。（　　）

（4）栅格系统可以帮助设计师排版界面，让界面的信息更加美观、易读和规范。

（　　）

（5）重度留白传递的不是产品，而是概念、气质和态度。（　　）

（6）扁平风格可以降低设备的硬件需求，拟物风格可以降低用户的学习成本。（　　）

拓展思考

1．新拟物风格是什么？

2．界面设计的流行趋势是什么？

项目总结

本项目主要通过 5 个任务，带领读者认识移动端界面设计过程中所涉及的基础知识。移动端界面是移动设备操作系统中人机互动的窗口，其界面必须在了解手机的物理特性和软件的应用特性的基础上进行合理的设计。本项目学习中重点掌握以下内容。

（1）移动端界面设计特点。

（2）移动端界面设计岗位能力要求。

（3）企业中移动端产品开发流程。

（4）移动端界面相关单位。

（5）常见手机屏幕规格，以及不同规格下 iOS 和 Android 系统界面基础设计规范。

（6）人机交互的基础知识，如用户研究方法、产品流程设计中常见图、交互线框图和人机交互常用手势。

（7）格式塔心理学五项法则。

（8）界面视觉设计要素，这些设计要素在设计中遵循的原则及产生的设计风格。

项目习题及答案

项目二 移动端界面设计色彩搭配

色彩对手机界面至关重要。色彩搭配虽然看起来简单，但是需要反复斟酌思考来设计制作。UI 色彩搭配不是仅仅体现单纯的审美功能，从企业品牌形象识别到功能区域划分、按键提示等都起到不可忽视的作用，不当的色彩搭配给用户带来阅读障碍，浪费宝贵时间，影响用户体验感。色彩是 UI 界面的必要元素之一。本项目内容首先介绍了色彩的基本认知理论，包括色彩三要素与色立体、配色基本原则等，接着通过细化学习色彩的基本认知、色彩情感在移动端界面中的应用、移动界面色彩配色技巧，进一步了解界面配色的设计制作要求和流程，掌握配色设计与制作的技能。案例方案选取以体现中国传统配色与国际时尚前沿配色为主。

知识目标：

- 知移动端界面的色彩基本知识、色彩心理学、设计规范、设计原则。
- 知移动端界面色彩配色技巧。
- 知移动端界面制作图形软件与配色软件搭配使用技巧。

技能目标：

- 能运用软件分析关键色的色值。
- 能建立风格独特的色卡体系。
- 能运用软件制作符合规范的 UI 界面配色方案。

素质目标：

- 培养移动端界面的色彩分析能力。
- 培养移动端界面的色彩搭配能力。
- 培养移动端界面的创新思维能力。
- 培养对我国传统文化的自信能力。
- 培养移动端界面的职业规范素养。

拓展知识

任务 1 色彩的基本认知

任务要点

要点 1：色彩的属性

色彩作为一种视觉沟通语言的重要元素，在 UI 设计中占有的位置很重要，常常起到"先声夺人"的作用。美国营销界总结出"7 秒定律"，即消费者会 7 秒内决定是否有购买商品的意愿。而在这短短 7 秒内，色彩的决定因素为 67%，这就是 20 世纪 80 年代出现的"色彩营销"。

色彩的含义和对用户体验的影响算的上是基础的色彩知识，色彩和形象是用户视觉感知中最快也是最直接的元素，无需语言和文字，色彩会在第一时间通过眼球反馈给大脑，触发感受，影响情绪。不同的色彩能够给予用户不同的刺激，唤醒用户不同的感受。色彩给人视觉上造成的冲击力是最为直接与迅速的。

（1）色彩物理特性。色彩物理特性这里主要指光源色、物体色、固有色和环境色。

1）光源色。所有物体的色彩总是在某种光源下产生的，同时随着光源色以及环境色的变化而变化，其中以光源色的影响最大，同一物体在不同的光源下将呈现不同的色彩，如图 2-1-1 所示。复色光表示色光混合，这恰恰揭示了一部分色彩体系，色光的混合我们称之为加色模式，这是十分明显的，因为这些色光真的在"相加"，最常见的加色模式正是 RGB。特殊色光（如霓虹灯等）多用于彩妆类摄影作品，凸显时尚感与个性化。

图 2-1-1　光源色示意图

不同于色光的混合，颜料的混合恰恰相反。红色颜料呈现红色是由于反射了红光，吸收了其余色光；蓝色颜料呈现蓝色是由于其反射了蓝光，吸收了其余色光。一旦我们将两种及其以上的颜料混合，那么，这些颜料之间会相互吸收各自本该反射的色光，这种情形就像给色光做了减法，我们称之为颜料的减色模式，最常见的减色模式是 CMYK。

2）物体色。每一种物体对各种波长的光都具有选择性吸收、反射或透视的特性。以物体对光的作用而言，大体可分为不透光和透光两种，即透明体和不透明体。

对于不透明的物体，它们的颜色取决于对波长不同的各种色光的反色和吸收情况。如果一个物体几乎能反射阳光中的所有色光，它就是白色的；如果几乎能吸收阳光中的所有色光，它就是黑色的。

3）固有色。由于物体在相同的条件下具有相对不变的色彩差别，人们习惯把白色阳光下物体呈现出来的色彩效果总和称为"固有色"，如苹果是绿的，花是红的，如图 2-1-2 所示。

图 2-1-2　固有色示意图

4）环境色。环境色主要是光照对环境的照射，环境进而反射光线影响物体色彩所致。如

图 2-1-3 所示，一个在蓝色纤维布的白色石膏反光部分呈现灰蓝色，放在紫色布反光部分呈现灰紫色，处于投影区域所以颜色偏灰色，反光色的变化就是受环境色的影响。

图 2-1-3　环境色示意图

（2）UI 设计中常用颜色模式。人能感受到色彩，自然就有表现色彩的欲望。从自然界中寻找，提炼色彩的历史早在史前人类就已开始，但直到 1860 年，大部分的染料都是从贝类、矿物、植物中制造出来的。Photoshop 软件中颜色模式有 5 种：RGB、CMYK、灰度、位图和索引，如图 2-1-4 所示，UI 设计中，主要使用 RGB 模式和 CMYK 模式。

图 2-1-4　photoshop 软件中颜色模式

屏幕 RGB 三色模式：R（红）、G（绿）、B（蓝）3 种颜色构成光线的三原色，计算机显示器就是根据这个原理制造的。在光色搭配中，参与搭配的颜色越多，其明度越高，如图 2-1-5 所示。

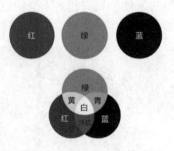

图 2-1-5　RGB 三色模式

RGB 模式是计算机、手机、投影仪、电视等屏幕显示的最佳颜色模式。计算机设备屏幕色域要达到 100%sRGB（≈ 72% NTSC 色域标准）才算过关，因为色域决定了一款屏幕色彩的丰富程度。在使用 Photoshop 时经常使用的"屏幕"颜色模式就是 RGB 颜色模式，这是 Photoshop

最常用的颜色模式，也称之为真彩色颜色模式，在 RGB 模式下显示的图像质量最高。因此成为了 Photoshop 的默认模式，并且 Photoshop 中的许多效果都需在 RGB 模式下才可以生效。在打印图像时，不能打印 RGB 模式的图像，这时需要将 RGB 模式下的图像更改为 CMYK 模式。RGB 颜色模式主要是由 R（红）、G（绿）、B（蓝）3 种基本色相加进行配色，并组成了红、绿、蓝 3 种颜色通道，如图 2-1-6 所示。光的三原色直方图观测，色阶 0~255，如图 2-1-7 所示，直方图观测，物象风景照片的通道 RGB 分布，色阶 0~255，如图 2-1-8 所示。

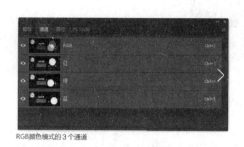

图 2-1-6　RGB 颜色模式 3 个通道

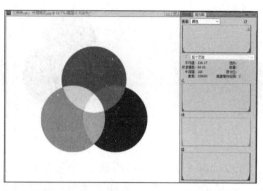

图 2-1-7　光的三原色直方图观测，色阶 0~255

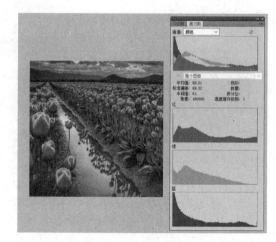

图 2-1-8　直方图观测，物象风景照片的通道 RGB 分布，色阶 0~255

　　色料三原色：在绘画领域中，使用 3 种基本色料——R（红），Y（黄），B（蓝）可以混合搭配出多种颜色。色料是绘画的基本原料，掌握色料三原色的搭配，是绘画的基本功。两种色料颜色混合如图 2-1-9 所示。

图 2-1-9　两种色料颜色混合

　　印刷 CMYK 四色模式：CMYK 是 Photoshop 一种常见"印刷"颜色模式。分为 C（青）、

M（品）、Y（黄）、K（黑）4 种色相，以 0～100 数值体现。4 种色相叠加混色是黑色，CMY 叠加混色是深灰色。印刷时，C、M、Y、K 各出一张菲林版。RGB 模式和 CMYK 模式比较如图 2-1-10 所示。

可以把三原色的屏幕显色 GRB 和印刷显色 CMYK 两种颜色标准模式放在一起进行对比观测。使用 Photoshop 软件打开一张 CMYK 标准色图片如图 2-1-10（b）所示，观察如何运用减法还原。

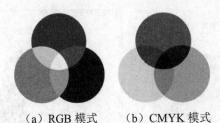

（a）RGB 模式　　　（b）CMYK 模式

图 2-1-10　RGB 和 CMYK 模式比较

Photoshop 技能要点：还原三原色品红。选中黄+品红混合成的红色（M：100　Y：100），图像→可选颜色→红色，选择黄色条，向左推动滑块，数值由原来 0 变为-100，红色还原品红如图 2-1-11（a）所示。当数值变为-50 时候，呈现玫红色。还原三原色品红使用 Photoshop 中"可选颜色"对话框如图 2-1-11（b）所示。

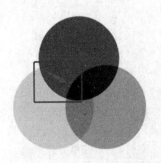

（a）还原效果　　　（b）"可选颜色"对话框

图 2-1-11　还原三原色品红

Photoshop 中"色彩平衡"对话框如图 2-1-12 所示。

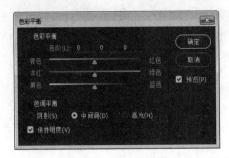

图 2-1-12　Photoshop 中"色彩平衡"对话框

接下来介绍一组三原色——蓝色与红色搭配。这是一组非常经典和优雅的三原色中两色色彩搭配完美的配色方案，是许多平面设计和插图设计的首选。作为三原色的其中两个（第三种是黄色），蓝色和红色是鲜明的对比色，并以纯色或中间混合成紫色的渐变完美互补。在 UI 设计中，红蓝配色常常作为网络页面的广告模块及背景画面色，如图 2-1-13 所示。

数值 C: 100 M: 100

图 2-1-13　三原色中的红蓝配色在 UI 中的应用

　　由于在 CMYK 模式下 Photoshop 的许多滤镜效果无法使用，所以一般都使用 RGB 模式，只有在即将印刷时才转换成 CMYK 模式，这时的颜色可能会发生改变。

　　（3）色彩三要素。在有彩色系中，只要有一块色彩出现，这个色彩就同时具有 3 个基本属性，即色彩三要素，如图 2-1-14 所示。

　　第一个属性是区别色彩的面貌，称为"色相"；第二个属性是表示色彩的浓度，称为"饱和度"；第三个属性是色彩的明暗性质，称为"明度"。

　　使用 Photoshop 打开任意一张彩色图片，调整"色相/饱和度"，可以看到标示色彩三要素的 3 条滑道，可选参数为 ±0～100 范围值，如图 2-1-15 所示。

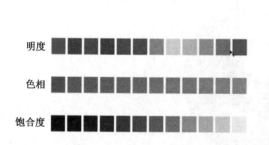

明度

色相

饱合度

图 2-1-14　色彩三要素

图 2-1-15　Photoshop 中色相/饱和度命令

要点 2：色轮

　　色轮也称为色相环。奥斯特瓦德色立体的色相环，是以赫林的生理四原色黄（Yellow）、蓝（Ultramarine-blue）、红（Red）、绿（Sea-green）为基础，将 4 色分别放在圆周的 4 个等分点上，成为两组补色对。然后在两色中间依次增加橙（Orange）、蓝绿（Turquoise）、紫（Purple）、黄绿（Leaf-green）4 色相，总共 8 色相，然后每一色相再分为 3 色相，成为 24 色相的色相环。色相顺序顺时针为黄、橙、红、紫、蓝、蓝绿、绿、黄绿。取色相环上相对的两色在回旋板上回旋成为灰色，所以相对的两色为互补色。并把 24 色相的同色相三角形按色环的顺序排列成一个复圆锥体，就是奥斯特瓦德色立体。奥斯特瓦德色相环如图 2-1-16 所示。

在平时的设计配色中常常用到的就是 PCCS（Practical Color-ordinate System）色彩体系。这个色彩体系是日本色彩研究所在 1964 年发表的，所以也简称为日本色研配色体系，如图 2-1-17 所示。

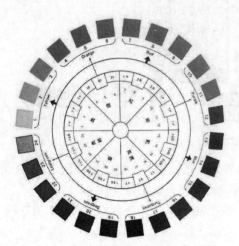

图 2-1-16　奥斯特瓦德色相环

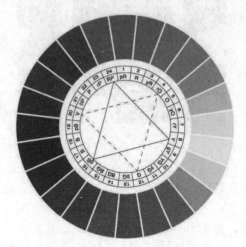

图 2-1-17　日本色研配色体系

后来又出现以三原色为中心点基础的色彩理论体系，依次临近两色产生混合色 360°色轮，现在计算机软件普遍使用就是这个 12 色、24/36 标准体系，如图 2-1-18 所示。

原色：黄、红、蓝。

间色：橘、紫、绿。

复色：橘黄、橘红、紫红、蓝紫、蓝绿、黄绿。

图 2-1-18　以三原色为中心点基础的色彩理论体系

潘通是一家"色彩"行业机构。它真正的名字是 PANTONE，是美国一家专门开发和研究色彩的权威机构，也是一套色彩系统的供应商，拥有享誉全球的名气，如果说英文是国际统一的通用语言，那么 PANTONE 则是色彩世界的标准语言。放眼全球的各种产业，只要涉及色彩，PANTONE 就是绝对标准。Photoshop "颜色库"中潘通色（PANTONE）如图 2-1-19 所示。在下拉菜单中也可以看到 TOYO 94 日本色体系。

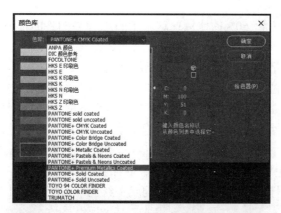

图 2-1-19 Photoshop "颜色库" 中潘通色（PANTNE）

Photoshop 技能点："画笔工具"调出色相轮。

第一步：编辑→首选项→性能→图形处理器设置→勾选"使用图形处理器"复选框。

第二步：首选项→常规→HUD 拾色器→色相轮。

第三步：重启 Photoshop。

第四步：选择"画笔工具"，按 Alt+Shift+右键，即可出现色相轮，进行取色。

要点 3：主色、辅助色、点缀色、背景色之间的关系

App 界面的色彩搭配能直观、快速地反馈到用户的大脑中形成记忆思维；好的色彩搭配可以加深用户对产品的印象；明确界面的视觉层次，让用户分清主次信息；同时还能给用户赏心悦目的视觉享受。那么，在 UI 设计时该如何进行色彩搭配呢？

我们从功能角度分析 App 界面中包含的色彩开始，通常一个 App 中包含了主色、辅助色、点缀色、背景色这 4 类，下面就以微信读书为例进行详细的介绍（个人角度）。主色、辅助色、点缀色、背景色之间关系，见表 2-1-1。

表 2-1-1 主色、辅助色、点缀色、背景色之间关系

功能分类	界面位置	比例	色彩特征	与主色关系	功能
主色（主题色）（1 色）	图标、标题、价格、按钮、导航、注册登录	占全部用色 25% 占有色相色 60%	明度高或饱和度高居多 少许黑灰色系	/	品牌识别
辅助色（2～4 色）	功能图标和栏目分类	占有色相色 30%或更少，几种辅助色比例 1:1	明度高或饱和度高居多	主色邻近色、互补色、分散互补色和三角对立色	丰富主色避免单一
点缀色（2～3 色）	分享按钮、点赞图标、通知及退出登录提醒	面积最小 占有色相色彩的 2%～5%	明度高	主色补色	强调 警示
背景色（1～2 色）	背景	面积最大 占全部用色 60%～70%	白浅灰色居多	与主色高低调（高反差）	方便阅读

注：空间布局上，点缀色最分散，背景色比较集中。

（1）主色、辅助色、点缀色、背景色。

1）主色。在 App 设计中，主色是指在配色中处于主导地位的色彩，给用户的第一印象，通常是产品的品牌色。主色用量基本占据全部用色的 25%，基本决定了整个界面的视觉风格。

主色一般占有色相色彩 60%的比例；这里指的是 60%的界面都使用到的主色比例，而不是使用面积（因为通常一个界面中使用面积最大的是背景色）；还有就是背景色多为浅灰色或白色，它们都属于无色相色彩，因此不涉及配色过程中。

我们看到微信读书的第一印象，就可以判断它的主色为蓝色，这也是它的品牌色。大多企业都是根据 VI（Visual Identity，视觉识别）来确定界面的主题色，通常一家企业的 VI 代表企业的文化或者行业属性，读书 App 使用了象征着宁静与平和的蓝色；在标签栏、按钮、图标、注册登录全都使用了这种纯净的主色，使界面看上去非常和谐一致，如图 2-1-20 所示。例如，中国银行的 VI 主题色为红色，红色在金融行业代表涨的意思，同时红色也是中国人比较喜欢的颜色，中国银行 App 的支付页面用的就是红色，如图 2-1-21 所示。

图 2-1-20　微信读书 App

图 2-1-21　中国银行 App 的支付页面

2）辅助色。辅助色与主色相辅相成，辅助色的功能是帮助主色建立更完整的形象，使界面丰富起来，避免画面过于单一。

通常，主色的邻近色、互补色、分散互补色和三角对立色都可以成为优秀的辅助色，但辅助色不宜过多，否则就会使界面看上去花哨导致分散了主题；根据 6:3:1 原则，辅助色可以占有色相色彩的 30%或更少。

在微信读书中，绿色、橙色、梅红、蓝紫色是除了主色以外使用最多的颜色，它们都是辅助色，主要用于功能图标和栏目分类上，如图 2-1-22、图 2-1-23 所示。

图 2-1-22　微信读书 App 辅助色配色

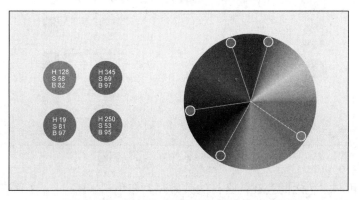

图 2-1-23　微信读书 App 辅助色配色值分析

　　虽然辅助色看起来有点多，但其实都是从主色的邻近色和对比色（及其邻近色）中提取出来的搭配，而且只用在页面中很少的地方，这种搭配技巧既可以丰富色彩的搭配，传递出年轻活跃的产品气质，又保证了整体搭配的和谐统一。

　　图 2-1-24 为中国银行智能机器人操作界面，其主色为暗红色，辅助色多达 10 种，用在界面页签、标签上，它们之间并列关系面积比例 1∶1，用来区分不同模块的功能，方便用户识别。

图 2-1-24　中国银行界面设计辅助色色值 1∶1

3）点缀色。点缀色是除了主色和辅助色以外的另一种色彩，通常体现在细节上，占有色相色彩的 2%～5%。当页面中主色和辅助色不能满足关键信息的提示时，就需要点缀色来吸引用户眼球，还有就是利用点缀色来平衡画面的冷暖色调。

点缀色通常都是分散的，使用面积小，颜色非常显眼，能与主色形成强烈的对比；一般点缀色是主色的互补色。在微信读书中，使用了香槟金、梅红和红色作为点缀色；香槟金用在文章分享按钮上，梅红色用在点赞图标上，强调其特殊性，红色用在通知和退出登录提醒上，用于警示，如图 2-1-25 所示。

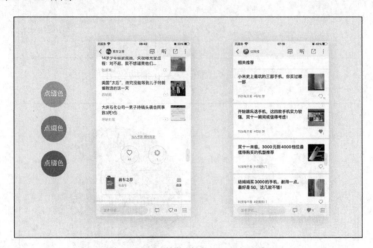

图 2-1-25　微信读书 App 点缀色

这 3 种点缀色与主色之间存在什么样的关系呢？在色相（H）上，3 种点缀色为邻近色，与主色为互补色；在明度（B）上，3 种点缀色均为高明度色彩，起到强提醒的作用。这种强对比的互补色的点缀色可以快速引起用户注意力，如图 2-1-26 所示。

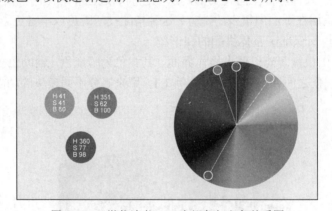

图 2-1-26　微信读书 App 点缀色与主色关系图

4）背景色。背景色一般占据全部色彩 60%～70%。通常为了衬托内容，大多数 App 都是用浅灰色作为背景色，以白色作为背景色的对比色，来区分视觉层次。因为选择白色或浅灰色作为背景色，高反差无刺激色的"白纸黑字"符合视线阅读习惯，比较舒适，不容易产生视觉疲劳；建议根据前景色来提取背景色，将其调亮或变暗，这样可以让界面色调更加统一。

在微信读书中背景色是偏蓝色调的浅灰色，而不是纯灰色，背景对比色是在白色里加入了蓝色色相，而不是纯白色，整体对比较柔和，给人清爽通透的感觉，如图 2-1-27 所示。

图 2-1-27　微信读书 App 中背景色与点缀色搭配

（2）主色、辅助色、点缀色关系遵循 6:3:1 原则（面积比例）。界面的色彩搭配主要包括 3 种颜色：主色调、辅助色、点缀色，搭配最佳比例为 6:3:1，如图 2-1-28 所示。最早来源于室内设计领域，室内设计师借助这一原则，创造出协调的室内设计配色。这一原则很容易理解，即 60%是主色，30%是辅助色，10%是点缀色。如图 2-1-29 所示，白色墙面漆（60%），黄色家具（30%），黑色饰线、灯罩等（10%），这一配色比例被认为是较为令人愉悦的，在视觉感知上，它提供了一个让人舒适的色彩层次，允许眼睛从一个焦点到另一个焦点舒适地移动。

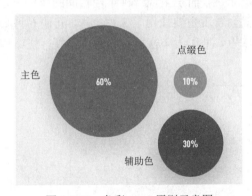

图 2-1-28　色彩 6:3:1 原则示意图

图 2-1-29　室内设计中色彩 6:3:1 原则示意图

6:3:1 原则是达到色彩平衡的最佳比例。在 60%的空间使用主色，可以运用到导航栏、按钮、图标等关键的元素中，使之成为整个 App 的视觉焦点和色彩关系；30%的空间使用辅助色，可以平衡过多的主色而造成的视觉疲劳；最后剩下 10%的空间为点缀色，可以用在一些不太重要的元素又需要区分的时候。6:3:1 原则构建了一种丰富的色彩层次，让界面看上去和谐、平衡和不杂乱。

哔哩哔哩 App 将粉色的辅助色运用到页签、标签栏、按钮、入口图标等上，蓝色的辅助色用在角标、图标上，还有黄色、红色等点缀色用在一些小图标、小标签上，主次非常清晰明了，如图 2-1-30 所示。

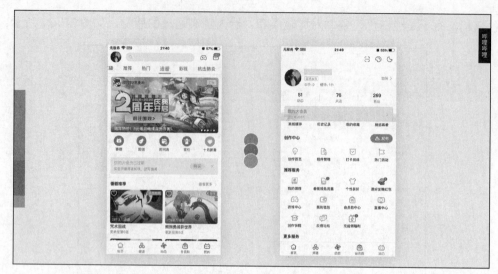

图 2-1-30　哔哩哔哩 App 辅助色与点缀色运用

（3）"色不过三"原则。很多大师配色要求不超过 3 种颜色，其实就是"色不过三"原则，即在一个页面中不要使用超过 3 种颜色搭配，这也和前面说的 6:3:1 原则类似，即一个主色、一个辅助色和一个点缀色。

在实际 UI 设计中，迫于产品的需要可能会使用更多数量的色彩，但切记不可超过 7 种色相（注意不是 7 种色值），每个色相还可以运用其饱和度、明度的变化分解出丰富的色彩搭配。

例如，美团外卖首页的 20 个功能入口大图标的背景用了 9 种不同的色彩，每种色彩又包含一种低饱和度色彩进行彩色渐变，但并没有显得杂乱，而是呈现一种年轻时尚的律动感。这是因为虽然使用了 9 种不同的色彩，但仔细观察就会发现主要使用了 3 种色彩，其他 6 种则是从前者邻近色中提取出来的搭配，再将它们错落放置，呈现出丰富多彩的色彩搭配，整体和谐统一，如图 2-1-31 所示。

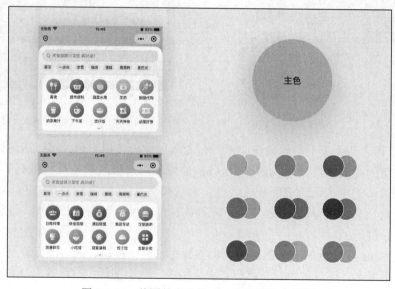

图 2-1-31　美团外卖手机 App 界面配色分析图

任务检测

要点测试

1. 单选题

（1）色料三原色是指（   ）。

    A. 红色、蓝色、绿色　　　　　　　B. 绿色、红色、黄色

    C. 蓝色、黄色、红色

（2）在 PCCS 色相环中，与三原色互为补色的一组颜色是（   ）。

    A. 紫、橙、绿　　B. 紫、红、黄　　C. 粉、绿、紫

（3）色彩三要素是（   ）。

    A. 色调、色系、色光　　　　　　　B. 色相、色名、色谱

    C. 纯度、色相、明度

（4）色相的定义是（   ）。

    A. 色彩的明度　　B. 色彩的名义　　C. 色彩的名字

2. 多选题

（1）油墨颜色四色由（   ）组成。

    A. 品红（M）　　B. 青（C）　　　C. 黑（K）

    D. 黄（Y）　　　E. 绿（G）

（2）三原色之间两两色光混合为间色，下列颜色混合可以组成间色的有（   ）。

    A. 红与橙　　　　B. 黄与蓝　　　C. 蓝与红　　　D. 红与黄

（3）（   ）呈色原理是色料减色法原理。

    A. 彩色电视　　　B. 彩色印刷　　　C. 彩色印染　　　D. 彩色摄影

3. 判断题

（1）白色物体是个例外，它不受光源色的影响，因为所有色光照射到白色物体上，都会被它不加选择地吸收。　　　　　　　　　　　　　　　　　　　　（　一　）

（2）光源的色温与光源的颜色关系为：色温越高，光越偏蓝；色温越低，光越偏红。

                                                   （　　）

（3）光谱色是饱和度最高的颜色。　　　　　　　　　　　　　　　　（　　）

拓展思考

1. 如何设置界面背景色与文字色保持良好的可读性？

2. 为什么超链接文字要用蓝色？

任务 2　色彩情感在移动端界面中的应用

任务要点

拓展知识

要点 1：色彩心理

色彩心理是指颜色能影响脑电波，脑电波对红色反应是警觉，对蓝色的反应是放松。色彩的直接心理效应来自色彩的物理光刺激对人的生理发生的直接影响。日常生活中观察的颜色

在很大程度上受心理因素的影响，即形成心理颜色视觉。

我们感觉色彩是依靠生理学上的现象，但这种感觉会透过生理现象而影响我们的心理。实际上，色彩会在不知不觉中改变我们的情绪、精神，从而影响我们的生活。

移动端界面设计中的色彩心理常用到的不同颜色呈现不同的心理情感联想表格如图 2-2-1 所示。以常见最典型的有彩色系和无彩色系中代表标准色彩进行分析对比。

红色	热情、张扬、高调、艳丽、侵略、暴力、血腥、警告、禁止
橙色	明亮、华丽、健康、温暖、辉煌、欢乐、兴奋、热烈、温馨
黄色	温暖、亲切、光明、疾病、懦弱、智慧、轻快
绿色	希望、升级、成长、环保、健康、嫉妒
蓝色	沉静、辽阔、科学、严谨、冰冷、保守、冷漠、忧郁
白色	纯洁、天真、和平、洁净、冷淡、贫乏、苍白、空虚
紫色	高贵、浪漫、华丽、忠诚、神秘
黑色	稳重、高端、精致、黑暗、死亡、邪恶

图 2-2-1　色彩的心理情感联想示意

（1）红色。红色——危险、重要、激情。红色是最强有力的色彩之一，它能展现爱的炙热，也能反映战争的惨烈。英文当中的"to see red"，中文中的"见红"都能够很好地反映出这种色彩中蕴含的情感色彩。Netflix 和 YouTube 都将红色作为主色调，如图 2-2-2 所示。

红色的元素更容易被人注意，可以用作提示或警告色。自然界中生物的充满警示性的红色皮毛，表示停止和警告的交通灯都是红色。但是红色的含义会根据场合、用量和设计而表示不同的含义。少量的红色常常能够很好地起到提醒的作用，而过量使用可能让氛围显得不是那么轻松，产生刺目感。相比于 Cancel 按钮，红色的 Delete 按钮显得警示意味明显。另外，红色同"热量"一直紧密关联，带红色元素的示例如图 2-2-3 所示。

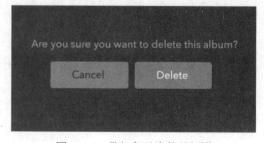

图 2-2-2　Netflix 和 YouTube 都将红色作为主色调　　　图 2-2-3　带红色元素的示例图

（2）橙色。橙色——信心、能量、乐观。与红色同为暖色系的橙色同样有着"激励"的一面，不过程度相对轻一些。智能家居设备 Nest 使用橙色表示加热模式，如图 2-2-4 所示。橙色不像红色那么富有侵略性，但是同样充满活力，橙色经常出现在与健康相关的场合下，如维生素 C（当然这和饱含维生素的橙子分不开）。法国电信运营商 Orange 的横屏手机海报中，使用橙色系表达乐观积极，如图 2-2-5 所示。

图 2-2-4　智能家居设备 Nest 使用橙色表示加热模式

图 2-2-5　法国电信运营商 Orange 的横屏手机海报

橙色俏皮而乐观，非常适合于出现在休闲场所。不过对于企业而言，橙色并不是首选的色彩，有研究显示，橙色会给人一种廉价的感觉。不过，Hipmunk 网站基于自身的配色方案很好地运用了橙色。不论廉价与否，一个提示性效果明显的提示按钮，在蓝色和白色为主的页面中总是显眼的，如图 2-2-6 所示。

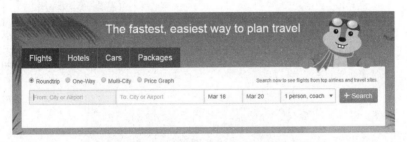

图 2-2-6　Hipmunk 旅游专题页面橙色配色

（3）黄色。黄色——注意、提醒、快乐。黄色其实是一种矛盾而有趣的色彩，它同时包含了快乐和焦虑两重情绪。黄色不仅能够表现精力充沛、乐观的情绪，还用作警示、禁止和提示。当黄色同黑色搭配到一起的时候，整体效果会醒目不少。这也是为什么世界上许多城市的出租车都选择了黄黑搭配的配色，这样的搭配可让行人很好地同其他的车辆区分开来。如图 2-2-7 所示，一款网页制作工作室个性化主页设计，个性的黑色香蕉，搭配以单一大面积黄色为背景色，简单黄黑两色构成硬朗嘻哈风格，很显眼。当黄色作为点缀色时，常常起到提醒注意作用，如图 2-2-8 所示，在购物类 App 主页设计中，黄色作为售卖价格数字凸显，提醒用户注意。

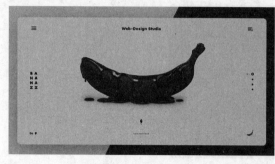 

图 2-2-7　工作室网页主页（黄色背景主色大面积对比）　　图 2-2-8　购物类 App 主页设计（黄色价格提醒色）

　　当然，黄色的选取和情绪传达也是有规律的。浅黄色通常会显得更加阳光，而色调更暗的黄色（如金色）则通常显得更加严肃，给人的感受也更加厚重和复古，色调较深的黄色接近金色时，一般和财富、成功有关联。

　　（4）绿色。绿色——生长、自然、成功。绿色具有生长、健康的含义。Organic Food 网站中大量使用了绿色，和中间横幅处带绿色背景、绿衣服人物照片形成同色系，如图 2-2-9、图 2-2-10 所示。色彩的饱和度其实是非常值得注意的。高饱和度的绿色会给人非常振奋、富有动态的感受，非常的抢眼，这也是提示按钮大多会选择高饱和度绿色的原因，如图 2-2-11 所示。

 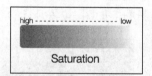

图 2-2-9　Organic Food 主页设计（绿色）　　　　图 2-2-10　绿色主页绿色色卡值（饱和度 S 变化）

图 2-2-11　提示按钮色（高饱和度绿色）

　　（5）蓝色。蓝色——信任、舒适、放松。蓝色是 UI 设计中最重要也是使用得最频繁的色彩。不同色调和色度的蓝色能够营造出不同的氛围，传递出不同的情绪。深沉的蓝色能够给人忧伤的感受，英文俗语中的 Feeling Blue 说的就是这个。

浅蓝色能够让人联想到天空和水面，给人以清新、自由和沉静的感受。这种放松、友好同样可以转化为内在的信任，所以，银行也常常会使用这样的蓝色，Calm App 就将浅蓝作为主色调，如图 2-2-12 所示。著名的两大社交媒体 Facebook 和 Twitter 不约而同地将蓝色作为主色调并非巧合。某款手机皮肤中日志记事设置（浅蓝色主色调）如图 2-2-13 所示。

图 2-2-12　Calm App（蓝色）　　　图 2-2-13　某款手机皮肤中日志记事设置（浅蓝色主色调）

（6）紫色。紫色——奢华、浪漫、创意。紫色之所以有奢华的内涵，很大程度上是因为它在历史上很长一段时间中都是王室和贵族专用的色彩，这一点成就了它高端和奢侈的文化特质。因此，当今许多奢侈品牌选择紫色作为主色调，如图 2-2-14 所示。

由于紫色当中还含有红色的光谱，所以它本身还带有一些"激情"的特质，类似薰衣草紫这样的色彩尤其明显。Google Forms 网站将其主色调更新为紫色，如图 2-2-15 所示。

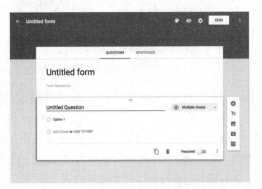

图 2-2-14　珠宝奢侈品牌移动端界面设计主页（紫色）　　图 2-2-15　Google Forms 网站主页（紫色）

（7）粉色。粉色——女性化、天真无邪、青春。粉色是最甜蜜的色彩，所以这种色彩同样会给人一种嬉闹玩乐的感受，颇为孩子气。这就是为什么在很多时候选择粉色能够让尤其是女性用户感到愉悦，如服装、化妆品、甜品品牌等。品牌服装网站主页和古典吉他俱乐部 App 主页如图 2-2-16、图 2-2-17 所示。

图 2-2-16　品牌服装网站主页（粉色）

图 2-2-17　古典吉他俱乐部 App 主页（粉色）

实际上，粉色并不是任何时候都代表着女性化。过度使用粉色会让部分相对更加传统的用户感到恼火。

（8）棕色。棕色——保守、中立、稳定。棕色其实并不适合绝大多数的网站，不过对于有些场合，棕色能够很好地胜任。棕色能够营造出乡土、老派的感受，非常适合农业、户外相关的页面。棕色还可以同木材联系到一起，给人稳定和可靠的感受。

德芙巧克力的网站设计几乎整个都是用的棕色，主要通过不同色度色调的棕色相互搭配，如图 2-2-18 所示。一般说来，低饱和度的棕色适用于菜单、控制面板和背景。图 2-2-19 为一款巧克力主题的手机 UI 设计，设计师实在太爱巧克力了，根据不同口味馅料巧克力分配不同功能设置。

图 2-2-18　德芙巧克力网站主页（棕色）

图 2-2-19　巧克力主题的手机 UI 设计（棕色）

下面是无彩色系黑、白、灰色界面设计使用范例。

（9）黑色。黑色——正式、权力、老练。黑色是所有色彩中最强有力的，它甚至比红色更快吸引用户的注意力，这也是为什么文本和强调默认是使用的黑色。当黑色在配色方案中起主导作用的时候，如用黑色背景，它可以和其他色彩一样营造特定的情绪。图 2-2-20 为 HTC 智能手表界面，采用黑色为主色。市面上大多数智能手表界面主色都是黑色，理性标准化气氛；当黑色同银色、灰色搭配，呈现老练和成熟感受，如驾

图 2-2-20　HTC 智能手表界面

驶仪表盘；当黑色同鲜艳彩色或荧光色搭配，呈现专业化感受。图 2-2-21 为一款智能家居远程应用程序界面，图 2-2-22 为施罗德爬行器界面。

图 2-2-21　智能家居远程应用程序界面

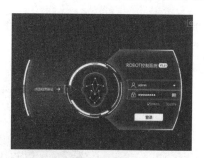

图 2-2-22　施罗德爬行器界面

（10）白色。白色——新鲜、清洁、健康。就像和它正好相反的黑色一样，白色可以和它周围的色彩搭配起来，作为次要配色而存在。当白色作为主色调而存在时，它的干净和纯净的特质就具有压倒性的优势。如果网站上使用的白色过多导致整体看起来过于单调，可以用白色的分支诸如象牙白和奶白色来让整个设计更加立体。图 2-2-23 为 Darren Alawi 设计的餐饮 App 首页，背景色使用大量白色来营造干净、健康的氛围。

图 2-2-23　Darren Alawi 设计的餐饮 App 首页

（11）灰色。灰色——正式、重力、成熟。不论网站使用的是冷色调还是暖色调，加入灰色能够创造出该色系下不同色调的色彩，图 2-2-24 为冷暖灰色调色卡值。

当灰色用作主色调的时候，它会给人一种拘谨的印象，但是这并非坏事。Dropbox 就是使用灰色为背景的提示按钮设计，给人合理秩序感，用户能够快速地找到合适的按钮，如图 2-2-25 所示。

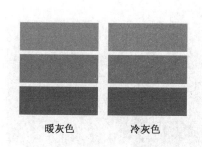

暖灰色　　　　冷灰色

图 2-2-24　冷暖灰色调色卡值

图 2-2-25　Dropbox 网站

同样地，还可以使用相应的内容和图像来规避色彩本身"阴郁"的感觉，让用户关注更吸引人的元素。图 2-2-26 为国外知名品酒俱乐部网站主页，其背景为旧学院风传统风景照片处理成暗灰色，代表品牌的古老传统感，中心品牌 Logo 为深红色，打破暗沉的深灰色背景色。浅灰色的按钮是最适合用来表示按钮的无效状态的。

图 2-2-26   国外知名品酒俱乐部网站主页（灰色）

要点 2：色彩的冷暖

色彩本身并无冷暖的温度差别，是视觉色彩引起人们对冷暖感觉的心理联想。暖色：人们见到红、红橙、橙、黄橙、红紫等色后，马上联想到太阳、火焰、热血等物象，产生温暖、热烈、危险等感觉。冷色：见到蓝、蓝紫、蓝绿等色后，则很容易联想到太空、冰雪、海洋等物象，产生寒冷、理智、平静等感觉。图 2-2-27 为冷暖比例接近 1:1 的某网站界面。

图 2-2-27   冷暖比例接近 1:1 的某网站界面设计

红色、橙色、黄色等给人一种阳光、向上、温暖、热烈感受。图 2-2-28 为一款橙色的暖色界面设计。图 2-2-29 为一款咖啡色、暗红色的暖色界面设计，给人细腻、深沉、丰富的情感感受。

图 2-2-28   暖色界面设计图 1   图 2-2-29   暖色界面设计图 2

绿色、蓝色等给人一种坚毅、寒冷、平静、理智、高端的感受。图 2-2-30 和图 2-2-31 为两款冷色界面设计图。

图 2-2-30 冷色界面设计图 1　　　　　　　　图 2-2-31 冷色界面设计图 2

色彩的冷暖是比较而言的，由于色彩的对比，其冷暖性质可能发生变化。此外，色彩的冷暖与明度和纯度有着密切的联系，高明度的色彩偏暖，低明度的色彩偏冷；高纯度的色彩具有温暖感，低纯度的色彩具有冷静感，如图 2-2-32 所示。

Photoshop 技能点：在 Photoshop 中，推荐使用"图层"面板下方"调整层"按钮修改"色彩平衡"和"可选颜色"，如图 2-2-33 所示色调平衡可选择"阴影""中间调""高光"，分别对应图层中的暗部、中间调以及两部，通过右边的预览，可观察修改前后的区别。

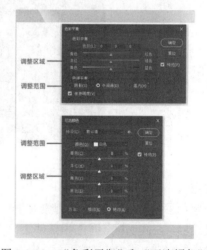

图 2-2-32 冷暖调对比图　　　　　　　图 2-2-33 "色彩平衡"和"可选颜色"

菜单栏上相对应命令位置为"图像"→"调整"→"色彩平衡"（组合键为 Ctrl+B）。当调色步骤多且复杂时不建议调用菜单栏命令，因为图层的层层叠加后色彩调整效果不好中间"悔步"，不能把不满意效果的任意一步"调整层"随时删除。

要点 3：色彩的软硬

色彩的软硬感觉主要来自色彩的明度，与纯度亦有一定的关系。明度越高感觉越软，明度越低则感觉越硬，但白色反而软感略减。色彩心理效应所体现出的冷暖感、轻重感、进退感、效应能够表达 UI 的品质、实现空间结构、平衡 UI 的色彩分布等，最终实现色彩功能美和艺术美的和谐统一。图 2-2-34 为 App 界面设计中采用明度高的冰淇淋色表达软质感，图 2-2-35 为 App 界面设计中采用的明度高的粉色表达软质感，图 2-2-36 为用纯度低的灰黑色表达硬质感。

图 2-2-34　明度高的冰淇淋色表达软质感

图 2-2-35　明度高的粉色表达软质感

图 2-2-36　纯度低的灰黑色表达硬质感

要点 4：色彩的轻重

决定色彩轻重感觉的主要因素是明度，即明度高的色彩感觉轻，明度低的色彩感觉重。其次是纯度，在同明度、同色相条件下，纯度高的感觉轻，纯度低的感觉重。从色相方面来看，色彩给人的轻重感觉为：暖色黄、橙、红给人的感觉轻；冷色蓝、蓝绿、蓝紫给人的感觉重。同样面积色块，橙色比蓝色感觉轻盈，如图 2-2-37 所示。

图 2-2-37　蓝色与橙色轻重感比较

在 UI 设计中，低长调黑色/深灰色的明度对比，显得沉静、稳定、坚硬；浅灰色和淡蓝色为主的高短调，显得质感轻盈，给人以轻快感，也使人感到不安定。图 2-2-38 为怀旧音乐 App

界面（低长调），图 2-2-39 为登录界面（高短调）。

在整体的明度关系上，低明度的色彩上轻下重较为符合人的视觉习惯，轻色通常用于上部，重色通常用于下部。红色与黑色色条重色用法，如图 2-2-40 所示。

图 2-2-38　怀旧音乐 App 界面（低长调）　图 2-2-39　登录界面（高短调）　图 2-2-40　界面重色下部用法

要点 5：色彩的远近

各种不同波长的色彩在人眼视网膜上的成像有前后，红、橙等光波长的色在后面成像，感觉比较迫近，蓝、紫等光波短的色则在外侧成像，在同样距离内感觉就比较后退。UI 设计色块远近关系如图 2-2-41 所示，蓝色虽然面积大些显得退后，橙色面积小却显得比较迫近，也是网站主要想突出的信息栏内容。

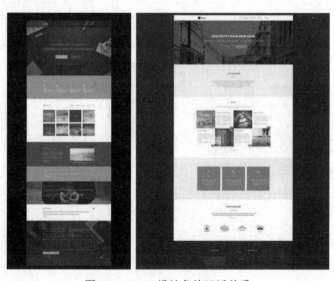

图 2-2-41　UI 设计色块远近关系

同样面积的白色显得膨胀一些，具有视觉前进感；黑灰色显得缩小一些，具有视觉后退感。

UI 设计中不同的色彩会造成视觉上的空间远近感的不同。凡感觉距离比实际距离近的色彩称为前进色，感觉距离显得比实际距离远的色彩称为后退色，色彩的进退感是通过色彩塑造界面空间的手段之一。

要点 6：华丽感与质朴感

色彩的三要素对华丽及质朴感都有影响，其中纯度关系最大。明度高、纯度高的色彩和丰富、强对比色彩感觉更华丽、辉煌。明度低、纯度低的色彩和单纯、弱对比的色彩感觉更质朴、古雅。华丽与古朴色移动端界面对比如图 2-2-42 所示。

图 2-2-42　华丽与古朴色移动端界面对比

要点 7：宁静感与兴奋感

宁静感与兴奋感影响最明显的是色相，红、橙、黄等鲜艳而明亮的色彩给人以兴奋感，蓝、蓝绿、蓝紫等色使人感到沉着、平静。绿和紫为中性色，没有这种感觉。纯度的关系也很大，高纯度色兴奋感，低纯度色沉静感。

色相丰富显得活泼、热闹，色相少则产生消极、寂寞感。兴奋感强的色彩，能刺激感官，引起注意。在游戏界面中，具有沉静感的配色，感觉平和，使用户能够持久地注视，多使用在呈现内容的网站页面或工具类软件界面中。花卉养殖 App 界面（宁静感）如图 2-2-43 所示，金融 App 界面（兴奋感）如图 2-2-44 所示。

图 2-2-43　花卉养殖 App 界面（宁静感）

图 2-2-44　金融 App 界面（兴奋感）

任务实现——渐变色锁屏手机界面制作

锁屏手机界面背景制作的方法其实很简单，画好一个椭圆形，然后调整角度、不透明度、颜色等，最终效果图如图 2-2-45 所示。

图 2-2-45 效果图

Photoshop 技能点：

第一点：使用画笔工具"颜色动态"选项，实现双色绘制；

第二点：使用 Alt 快捷键实现上一层图层效果"嵌套"到下面图层；

第三点：使用 Ctrl+Shift+Alt+T 组合键实现等角度旋转复制。

具体的制作步骤如下：

（1）绘制中心基本图形。

1）新建图层文件选择画板，选择 iPhone 6 的尺寸大小，如图 2-2-46、图 2-2-47 所示。

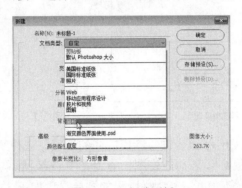

图 2-2-46 新建画板

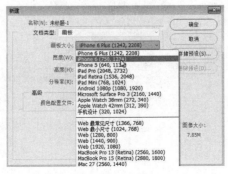

图 2-2-47 新建尺寸

iPhone 6 App 常规主界面标准布局与分布，如图 2-2-48 所示。

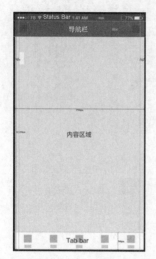

图 2-2-48　iPhone 6 App 常规主界面标准布局与分布

2）新建图层后我们使用工具栏中的椭圆工具绘制一个椭圆形。双击形状图层将形状的颜色改为黑色，不透明度设置为 6%，如图 2-2-49、图 2-2-50 所示。

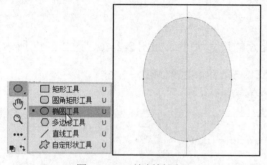

图 2-2-49　绘制椭圆形　　　　　　　　　图 2-2-50　绘制椭圆形的图层工具显示

3）选择形状图层，按 Ctrl+J 组合键复制出同样的形状。选择复制出来的图层，按 Ctrl+T 组合键将旋转的角度调整为 45°。若想改变图层的旋转中心点，按住 Ctrl+T 组合键则将中心点拖至想要的位置，再设定旋转角度。复制椭圆形的图层显示如图 2-2-51 所示。

图 2-2-51　复制椭圆形的图层显示

4）图形按设好的角度旋转好后，按 Enter 键，接下来就是旋转复制了，按 Ctrl+Shift+Alt+T 组合键，则在原中心点位置自动出现多个叠在一起旋转图形层。重复 3 次同样的操作后绘制以下的形状效果。将绘制好的图层全部选中，按 Ctrl+G 组合键对图层进行编组，以方便后面的制作。如图 2-2-52 所示。

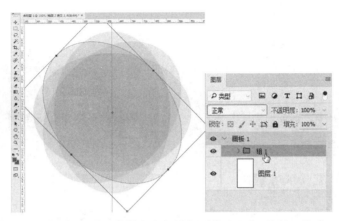

图 2-2-52 旋转角度复制多层椭圆形后"编组"显示

小贴士：Photoshop 图形复制基本 3 种——等距复制、旋转复制、大小变换复制。

本案例涉及第二种等角度旋转复制。共同点都要对"基本原型图形"先执行自由变换命令，按 Ctrl+T 组合键。

等距水平/垂直复制，按 Shift+Alt 组合键，横向或纵向拉出一段距离即可。

等距偏移复制，需要再斜向随意移动一段距离确定即可，如图 2-2-53 所示。

按住 Shift 键，同比例放大或缩小叶子图形，同时按住 Alt 键移动中心点，设置旋转数值，如图 2-2-54 所示。

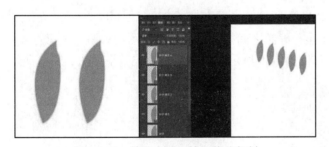

图 2-2-53 等距水平和等距偏移复制

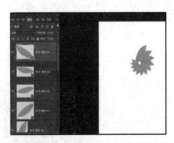

图 2-2-54 同比例缩小旋转复制

（2）添加颜色，加强细节。

1）在图层面板中，单击"新建图层"按钮，新建一个空白图层，如图 2-2-55 所示。

使用工具栏中的"画笔工具"绘制颜色。在绘制之前可以调整画笔的大小和颜色，双击工具栏中的颜色进行设定前景色和背景色，如图 2-2-56 所示。通过使用"画笔工具"将颜色绘制成从蓝色到桃红色的渐变效果。注意画笔工具预设一定要打开"颜色动态"前景/背景抖动为 1%，控制下拉菜单把"渐隐"打开，数值为 1，如图 2-2-57 所示。特别注意没有渐隐，就没有两色渐变混合效果，嵌套后效果如图 2-2-58 所示。

图 2-2-55　新建空白层

图 2-2-56　画笔工具（前景色与背景色设置）

图 2-2-57　画笔工具（颜色动态中渐隐设置）

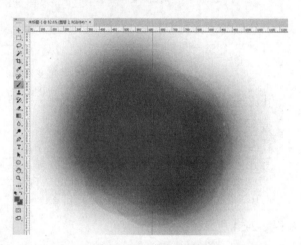

图 2-2-58　嵌套后效果

2）渐变颜色图层绘制好后，在图层与编组之间按住 Alt 键进行图层与编组之间的嵌套，让渐变的颜色嵌套到下面的编组上，如图 2-2-59 所示，嵌套符号完成效果如图 2-2-60 所示。

图 2-2-59　上层样式"嵌套"到下层

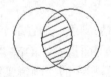

图 2-2-60　嵌套符号

注意：鼠标一定放在两个图层交界横线位置上，会出现两个相交的圆图形小符号如图 2-2-61 所示，否则向下表示嵌套的小箭头出不来。

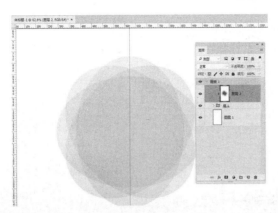

图 2-2-61 嵌套后效果

选择图层编组，按 Ctrl+J 组合键复制新的编组。选择复制的编组，按 Ctrl+T 组合键进行变换，缩放的时候按住 Shift+Alt 组合键拖动边缘的方块对图形进行等比缩放。将图形比例调整到合适的大小，让形状显得更有层次和空间，如图 2-2-62、图 2-2-63 所示。

图 2-2-62 复制新的编组

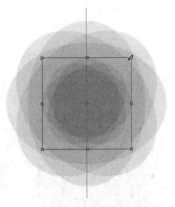

图 2-2-63 图层组的等比缩放

3）为了让颜色嵌套到所有的图层上，选中形状的两个编组，按 Ctrl+G 组合键把图层下面的两个编组合成为一个编组，然后在颜色层与编制之间按住 Alt 键将图层嵌套到合成的编组上，如图 2-2-64、图 2-2-65 所示。再次嵌套后的效果如图 2-2-66 所示。

图 2-2-64 再次编组

图 2-2-65 再次嵌套

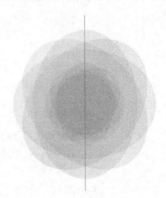

图 2-2-66 再次嵌套后的效果

（3）添加文字。

1）使用工具栏中的"文字工具"制作字体，文字颜色设置为白色，大小设定 280，如图 2-2-67、图 2-2-68 所示。

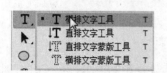

图 2-2-67　Photoshop 文字工具

图 2-2-68　添加文字

按 Alt 键拖动复制字体图层，改成副标题的文案。在"窗口"中找到"字符"面板调整文字的字间距到合适的间距，将字体大小设置为 42，文字字间距设置为 60，如图 2-2-69、图 2-2-70 所示。

图 2-2-69　"字符"面板设置

图 2-2-70　再次添加英文

2）丰富背景的效果。选择路径里椭圆工具，在绘制的时候按住 Shift 键绘制一个正圆，如图 2-2-71、图 2-2-72 所示。

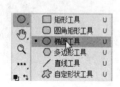

图 2-2-71　椭圆工具

图 2-2-72　绘制正圆

双击绘制好的路径图层打开"图层样式"面板选择"渐变叠加"选项，如图 2-2-73 所示。

在"渐变叠加"面板中双击"渐变条"调出渐变编辑器调整蓝色到紫色的渐变效果，如图 2-2-74 所示。

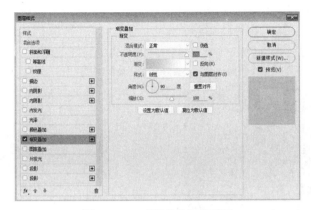

图 2-2-73 "渐变叠加"面板　　　　　　　图 2-2-74 渐变色设置

做好一个圆形的渐变效果后，选择图层，按 Ctrl+J 组合键复制一个新的图层，然后按 Ctrl+T 组合键对新的图层进行缩放，如图 2-2-75 所示。

图 2-2-75 新的图层进行缩放

将圆形调整到合适的大小后，再双击图层调整渐变方向为反向，从而加强两个圆形之间的层次效果，如图 2-2-76、图 2-2-77 所示。

图 2-2-76 渐变叠加（反向设置）　　　　　图 2-2-77 设置后整体效果图

3）对整体的页面进行功能布局。绘制好功能的按钮及子功能的图标下面紫色边框色条等，从而让页面变得更加的丰富和细腻。本案例的最终效果如图 2-2-78 所示。

图 2-2-78　最终效果

任务检测

要点测试

1．单选题

（1）以下（　　）体现了"安宁、平静"的感觉。

A.

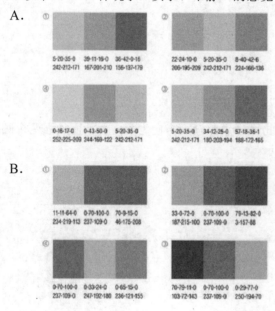

B.

（2）在 Photoshop 中，Shift+Ctrl+Alt+T 组合键多用于（　　）操作。

　　A．按原形以固定角度复制原始形状　　B．横向复制图层

　　C．纵向复制图层本身　　　　　　　　D．无动作

（3）在 UI 设计中，和谐的渐变色设置应该使用的两种颜色渐变最佳配色取值范围角度为（　　）。

  A．90°之内　　　　　　　　　　B．180°之内

  C．45°之内　　　　　　　　　　D．120°之内

2．多选题

（1）Photoshop 中图形复制基本 3 种——等距复制、旋转复制、大小变换复制，下列说法正确的是（　　）。

  A．等距水平/垂直复制，按 Shift+Alt 组合键，横向或纵向拉出一段距离即可

  B．等距偏移复制，需要再斜向随意移动一段距离确定即可

  C．大小变换复制，按住 Shift 键，同比例放大或缩小原型图形，同时按住 Alt 键移动中心点，设置旋转数值

  D．固定角度旋转复制，输入旋转角度度数，按住 Shift+Ctrl+Alt+T 组合键

  E．Photoshop 复制共同点，对原型对象图形按 Ctrl+T 组合键，并确定中心点位置

（2）Photoshop 渐变工具包含的渐变样式有（　　）。

  A．线性渐变　　　　B．径向渐变　　　　C．角度渐变

  D．对称渐变　　　　E．菱形渐变

3．判断题

（1）无彩色系统的色彩其基本特点是具有明度和纯度变化。   （　　）

（2）京东商城的主色调是红色，因为红色能给网站带来活力的感情。 （　　）

（3）下面两个图形色彩块中蓝紫色比橙色视觉感觉轻。   （　　）

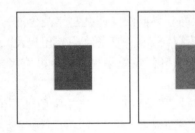

拓展思考

1．渐变色在移动端界面中如何应用的？

2．不同国别、宗教、民族的人民色彩偏好不同，并独具魅力，分别是什么风格色彩面貌呢？

任务 3 移动端界面色彩配色技巧

拓展知识

任务要点

要点 1：配色原则

（1）识别性。识别性可以指界面设计的主色设定为品牌色，通过品牌色识别企业形象；也可指界面配色设计中的图像、图形轮廓、品牌 Logo 等，主要强调标题化文字信息的辨识度，如图 2-3-1 所示的天气、时间文字信息很难一眼辨认。

（2）易读性（防视疲劳设计）。易读性是指界面设计中图文色彩搭配要符合眼睛浏览舒适度，否则过于刺激的颜色容易产生视疲劳。对比色、互补色等同等面积比色彩并置时要慎用，但是，若采用刺眼的"高饱和度对比色、等面积"配色设计，如图 2-3-1 所示，盯 15s 以上容易产生视觉疲劳与烦躁感，而图 2-3-2 为做降低彩度处理，层次分明，无不适感。

图 2-3-1　文字信息辨识　　　　　　图 2-3-2　配色设计（眼舒适度对比）

以上主要针对图形配色，文字信息配色易读性分析详见本任务要点 3：配色技巧（4）文字配色。

（3）色不过三。色彩种类不超过 3 种（注意：无彩色的黑、白、灰不计算），任务 1 文中末尾提过。

（4）6:3:1 原法则——色彩形状面积导向法（即九宫格配色法）。

主色/辅助色/点缀色，色面积比例为 6:3:1（任务 1 中末尾提及）。

不同形状、位置、大小、疏密关系等视觉效果也不同，九宫格配色法是涉及所有视觉相关设计行业配色的基础训练方法。

色彩自始至终都是研究色彩的对比和谐过程。九宫格配色法不但强调研究色彩构成美的规律，还可以通过练习，使学生掌握色彩构成美（色彩的对比与协调）的本质，如图 2-3-3 所示。

高长调	高中调	高短调
中长调	中中调	中短调
低长调	低中调	低短调

（a）九宫格配色图片　　　　　　（b）对应色调

图 2-3-3　九宫格配色法 1

　　九宫格配色法主要采取衬托对比的方法来表现色彩的个性美。色彩美与不美是相对的，"万绿丛中一点红"说的就是这个道理。九宫格的配色突出了色彩对比美的主要矛盾，在色彩对比协调的训练上是比较有效的，也是其他任何训练方式所不能及，图2-3-4（a）为以色条方式呈现的对比色推移的"色面积比"训练，图2-3-4（b）为以具体图案呈现的色彩纯度推移的"色面积比"训练，都可以很好地对色彩比例进行视觉测试。

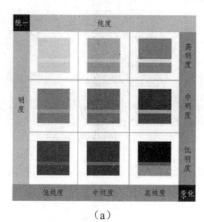
（a）

（b）

图 2-3-4　九宫格配色法 2

　　面积强弱对比构成色调，当两种色彩以同等面积比例出现时，这两种色彩的对比为面积的强对比。当两种色彩的面积比为2:1时，整体色彩的对比就相对减弱，形成面积的中对比。当两种色彩的一方面积扩大到足以控制整个画面的色调，而另一方色彩仅起点缀或陪衬作用时，色彩对比的效果就极弱，并转化为统一的色调，形成面积的弱对比，如图2-3-5所示。

图 2-3-5　面积强弱对比

　　由上述色彩与面积的关系，我们可以了解，面积越大，越能使色彩充分表现其明度和纯度的真实面貌，面积越小，越容易形成视觉上的辨视异常。而不同的色彩明度所造成的面积感也有所不同。

　　色彩学家为我们提供的色彩面积比例关系，使我们在处理两种以上的色彩构成时，便于把握相互间存在的面积比例，即70%、20%、7%、3%，以达到色彩量的平衡。

　　一般基础训练常常以饱和度高的三原色、间色之间调配。黄、蓝、深蓝、绿四色占比例调配方案设计如图2-3-6所示，这里还隐含绿色与深蓝色的透叠手法设计；红、黄、绿、蓝之间主色调色彩面积比例关系训练，如图2-3-7所示。

红色调
红 70% 蓝 20% 绿7% 黄 3%

黄色调
黄 70% 红 20% 绿7% 蓝 3%

绿色调
绿 70% 蓝 20% 红 7% 黄 3%

蓝色调
蓝 70% 绿 20% 黄 7% 红 3%

图 2-3-6　黄、蓝、深蓝、绿四色占比例　　　　图 2-3-7　红、黄、绿、蓝之间主色调色彩
调配方案设计　　　　　　　　　　　面积比例关系训练

　　我们在此做了一些简单的尝试，运用圆、方、三角的组合在移动界面区域进行分割组合，如图 2-3-8 所示。在日常的界面设计中，我们可以根据内容进行页面基础框架打稿。

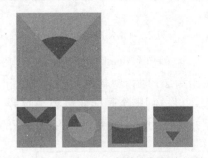

图 2-3-8　圆、方、三角的分割组合设计

　　快节奏的时代步伐使人们逐渐喜欢上了更简洁、更直观的阅览效果，色彩情感的形状导向法是指运用色彩的对比技巧在界面上划分出不同形状、区域，给人以明显的区域、形状感，根据这种形状效果引导浏览者的思想和访问、操作行为，如图 2-3-9 所示。例如，高德地图手机 UI 图标的底框"地图背景"采用色格比例化处理，2020 年改版后背景分格色格简洁化，整体饱和度提升，颜色变亮，如图 2-3-10 所示。

图 2-3-9　网站界面设计应用色彩情感形状导向法

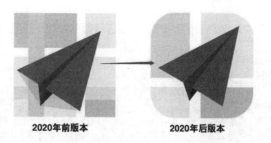

图 2-3-10　高德地图 UI 图标（新旧版本背景色格对比）

（5）留白法则。"留白"是中国画特有的绘画语言之一，如图 2-3-11 所示，随着现代数字媒体技术与艺术的发展，在网页界面设计中多有运用。迅速、有效地传达信息，少用装饰，强调虚实、留白的运用成为网页界面设计的时尚追求。

图 2-3-11　国画留白

网页界面设计留白的内涵包括以下 3 个方面。

1）网页界面的留白部分（四周留白式），如图 2-3-12 所示。

图 2-3-12　网页界面的留白部分（四周留白式）

2）同种色彩的大面积使用。"留白"指空间比例布局而言，如蓝色背景，指画面留出空白无设计内容的区域，如图 2-3-13 所示；宝矿力水网站主页设计给人空间感和无限遐想，如图 2-3-14 所示。

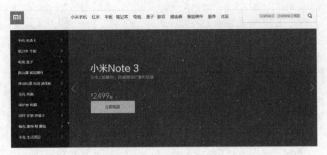

图 2-3-13　同种色彩的大面积使用（小米产品宣传页）

图 2-3-14　同种色彩的大面积使用（宝矿力水网站主页）

3）网页中重复图案化的背景。投资类网站主页背景使用建筑物图案重复，如图 2-3-15 所示。

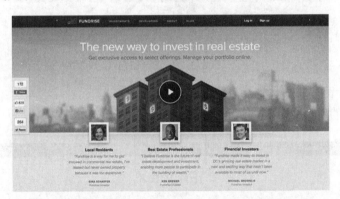

图 2-3-15　网页中重复图案化的背景（投资类网站主页）

要点 2：移动端界面设计配色检验标准

移动端界面设计配色检验标准主要有 3 点，即交互性、易读性、传达性，移动端界面设计配色检验标准见表 2-3-1，移动端界面设计配色检验标准示意如图 2-3-16 所示。

表 2-3-1　移动端界面设计配色检验标准

检验标准	Hierarchical 交互性	Legible 易读性	Expressive 传达性
说明	交互性颜色指示哪些元素是交互的，它们与其他元素的关系以及它们的突出度。最重要的因素应该是突出	文本和重要元素，如图标，在所有屏幕和设备类型的彩色背景上显示时，应该符合易读标准	通过在难忘的时刻展示品牌颜色来强化品牌，从而强化品牌风格

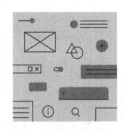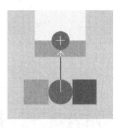

图 2-3-16 移动端界面设计配色检验标准示意

要点 3:配色技巧

(1)单一色系配色。

1)单一色(为主)。单色是单一色系为主的搭配,它在色彩的深浅、明暗或饱和度上有所调整而形成明暗的层次关系,简单说就是以一个单色为单位,依次梯度加白色或黑色形成。单色方案是非常容易被视觉感受到的,特别是蓝色或绿色。这个配色方案看起来干净简洁,如图 2-3-17、图 2-3-18 所示。

图 2-3-17 单色

图 2-3-18 单一色(为主)界面应用

2)无彩色(为主)与单一色。无彩色与有彩色的局部对比,可以产生明显的视觉效果。例如,网页的导航栏是为了让浏览者更便捷、清晰、明确地找到所需要的资源区域,直接行为导向。导航栏的色彩自然在访问之列,做好导航栏的色彩搭配,很大程度上可以实现色彩情感的行为导向,如图 2-3-19 所示。

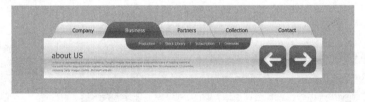

图 2-3-19 无彩色(为主)与单一色界面导航栏应用

创建自己的配色方案并不复杂。最简单的方法就是将一个明亮的主色添加到一堆中性色中,这也是一个最能引起视觉冲击的方案。向灰度设计中添加一种色彩可以很轻易地吸引眼球。白底加灰色文本,点缀以蓝色高亮,就是 Dropbox 的配色方案,如图 2-3-20 所示。

(2)多色系配色。

1)两色到四色搭配。主色调为两色配色为主,搭配其他一到两种辅助色,黑白色不算数除外。

①调和色搭配。调和色类——凡两种色比较接近,性质相差不远,放在一起较和谐的色均称调和色。同类色、邻近色、类似色、中差色都是调和色。

（a）添加色彩　　　　　　　　　　　　　（b）移动端不同界面配色

图 2-3-20　Dropbox 的移动端界面配色方案

类似色搭配对比效果较丰富、活泼，同时又不失统一、和谐的感觉。同类色与类似色色轮，如图 2-3-21 所示。同类色（粉色系网站界面设计）如图 2-3-22 所示，类似色（黄绿色系移动端 App 界面设计）如图 2-3-23 所示。

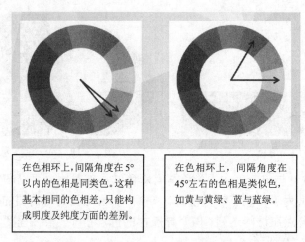

在色相环上,间隔角度在5° 以内的色相是同类色。这种基本相同的色相差,只能构成明度及纯度方面的差别。	在色相环上,间隔角度在45°左右的色相是类似色,如黄与黄绿、蓝与蓝绿。

（a）同类色（5°以内）　　　（b）类似色（45°左右）

图 2-3-21　同类色与类似色色轮

图 2-3-22　同类色（粉色系网站界面设计）　　　图 2-3-23　类似色（黄绿色系移动端 App 界面设计）

类似色方案使用相对容易，其诀窍是选择哪种颜色作为主调色来突出。例如，Clear 是一款手势操作任务管理 App，它使用相近的色彩，从视觉上区分任务的优先级；Clear 中的默认配色方案让人联想到热点热图，其中较紧迫的项目以明亮的红色显示，如图 2-3-24 所示。Calm

是一款冥想 App，它使用相近的色彩，即蓝绿色彩，帮助用户感到轻松与平和；Calm 使用相近的色彩来塑造整体的氛围，如图 2-3-25 所示。

图 2-3-24　类似色（红色系移动端界面设计）　　图 2-3-25　类似色（蓝绿色系移动端 App 界面设计）

色相环上相距 30°～45°的颜色为邻近色，如紫与蓝紫，蓝紫与蓝等，如图 2-3-26 所示。

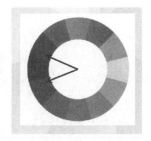

图 2-3-26　邻近色（30°～45°）

同类色搭配对比效果统一、清新、含蓄，但也容易产生单调、乏味的感受，如图 2-3-27 所示。而邻近色搭配对比效果柔和、文静、和谐，但也容易感觉单调、模糊，需调节明度来加强效果，如图 2-3-28 所示。

图 2-3-27　同类色（淡蓝色系移动端 App 界面设计）　　图 2-3-28　邻近色（蓝紫色系移动端 App 界面设计）

色环上相距 90°左右的颜色为中差色，如红与黄橙，黄与蓝绿等，如图 2-3-29 所示。中差色搭配对比效果明快、活泼、饱满、使人兴奋，同时不失调和之感，如图 2-3-30 所示。

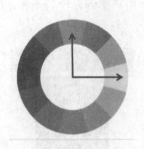

图 2-3-29　中差色（90°左右）

图 2-3-30　中差色（黄与蓝绿色系网站界面设计）

②对比色搭配。对比色类包含对比色、互补色搭配。

对比色——色相之间在色相环上，间隔角度在 100°以外的一对色相的对比为对比色相对比，如红与黄绿、红与蓝绿的色相对比，如图 2-3-31 所示。

互补色——色相之间在色相环上，间隔角度在 180°左右的一对色相的对比为互补色相对比，如红与绿、蓝与橙、黄与紫，如图 2-3-32 所示。

图 2-3-31　对比色（100°以外）

图 2-3-32　互补色（180°左右）

互补色相对比是最强的色相对比。图 2-3-33、图 2-3-34 为两款移动端界面对比色互补色配色应用。

图 2-3-33　对比色（橙与蓝色对比色）

图 2-3-34　互补色（黄与蓝紫色对比色）

当人眼看到一块整体绿色调物体时，其中一点红色就会很突出。使用互补色是让内容脱颖而出的最简单的方法。但是使用互补色时一定要谨慎，防止内容在视觉上显得不和谐。

2）多色搭配。多色搭配是由多种色彩组合而成的一种搭配方式，一般指超过 4 种颜色，规定一种作为主导色，其余作为辅助色使用。

多色搭配会让画面显得更加丰富、充满趣味性，但若控制不好，也容易让画面变花，失去平衡。搭配时须注意区分主次，按比例进行调和。可口可乐多色配色设计起到突出产品不同细分功能的作用。可口可乐网站产品页设计如图 2-3-35 所示，而用到色彩技巧透叠手法呈现丰富变化如图 2-3-36 所示。

图 2-3-35　可口可乐网站产品页设计　　　　　　　图 2-3-36　可口可乐网站封面界面设计

（3）渐变色系配色（渐变图形与图像配色）。

不同于单一色，充满迷幻感的渐变色不属于任何色彩，它能够营造出千变万化的视觉效果，却又不会增加视觉负担。

相较于单一的色彩，渐变色的复合性质让它在 UI 设计中具有更强的视觉冲击力，有助于快速抢占视线。如今，这种独一无二的色彩正逐渐成为一种潮流，其原因是目前大量的扁平风格造成 UI 设计的严重同质化，人们需要追求更加个性的视觉语言来满足日益增长的设计需求。

最常用就是双色渐变，即背景壁纸的线性和径向渐变。这种类型的渐变最广泛使用是照片叠加。它们主要用作内容的简单背景。Spotify 公司电子设备界面（渐变色）如图 2-3-37 所示。

AgenceMe 创建的家庭导航设计（渐变色）如图 2-3-38 所示。在这里，双色调渐变的背景色成为主色。内容包括文本和插图，但是，图中使用的颜色非常谨慎。插图主要是浅色调，只是一些色彩鲜艳的细节作为点缀色，与背景双色调（暖）相反（冷），如图 2-3-38 所示。

图 2-3-37　Spotify 公司电子设备界面（渐变色）　　图 2-3-38　AgenceMe 创建的家庭导航设计（渐变色）

深夜时段音乐类 App 界面设计如图 2-3-39 所示，锁屏页背景人物渐变色运用夜晚的神秘梦幻感。

图 2-3-39   深夜时段音乐类 App 界面设计（渐变配色）

总而言之，使用双色调渐变趋势的最安全方法是将它们与黑白照片混合，或将它们作为照片叠加层应用如图 2-3-40 所示。如果将它们与其他颜色混合，须确保颜色配比和谐。多种颜色在设计中可能非常出色，但如果匹配不当，它们也会造成混乱。色相、饱和度、明度的渐变色值卡如图 2-3-41 所示。如有疑问，请使用较少的颜色。在大多数情况下，少即是多。

（4）文字配色。

可读性是任何设计中的重要因素。尤其是在处理文字时，颜色应该清晰易读，因此对比度对视觉效果的影响就非常关键。如何设置界面背景色与文字色保持良好的可读性？如在浅色背景上使用深色文字，在深色背景上使用浅色文字，使用高对比度的亮色展示重要的元素，用低对比度的浅色来体现需要弱化和次要的内容，如图 2-3-42 所示。

图 2-3-40   双色调渐变与黑白色界面应用

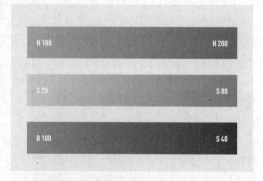

图 2-3-41   色相、饱和度、明度的渐变色值卡

图 2-3-42   文字配色单一色系高中低调显示

例如，苹果 Music 的主要功能入口，标签栏图标、按钮等都是用了高纯度的红色，与其他元素形成鲜明对比，就连深灰色的辅助文字都有着清晰的可读性，如图 2-3-43 所示。

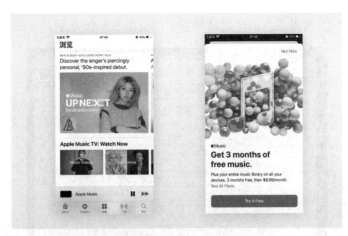

图 2-3-43　文字配色（苹果 Music 界面应用）

文本集中内容一般会采用色彩的两极，黑纸白字或白纸黑字；而在彩色背景上要让内容清晰可见，就需要搭配纯白或高明度的文字，避免灰色文字；也要注意避免彩色背景上搭配互补色和明度接近的文字，因为这两种搭配会产生一种"震颤效应"，发出光晕的视觉效果。当户外光线比较暗或手机屏幕反光时，低对比度文字让人阅读费力，如图 2-3-44 所示。

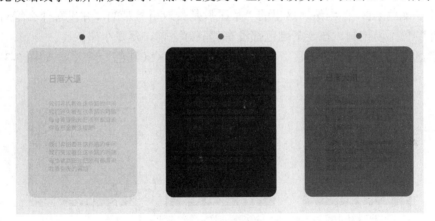

图 2-3-44　手机界面（不适合屏幕的显示文字配色比较）

内容文本和图像文本的对比比率表示一种颜色和另一种颜色相差值（通常记为 1:1 或 2:1）。对比比率两个数字之间的差异越大，两者的相对亮度就越高。关于比对比率，万维网联盟推荐如下：

1）小文本在其背景下的对比度应该有至少 4.5:1。

2）大文本（在 14pt 粗体/18pt 常规及以上）在其背景下的对比度应该至少 3:1。

这条指导原则还可以帮助那些弱视用户、色盲用户、视力恶化者看到和阅读屏幕上的文本。

小贴士：为什么超链接文字要用蓝色？

简单说，因为在最早期的网站页面中，蓝色能呈现最高的对比度。Tim Berners-Lee——Web 的主要开创者，被认为是最早使用蓝色链接的人。

一个很早期的 Web 浏览器 Mosaic，用的是深灰色背景和黑色文字；那时候，能用的非黑色、最深的文字颜色，就是蓝色；所以，让超链接文字突出显示，同时保证可读性，就选定了蓝色，此后超链接文字都用蓝色的传统沿用至今，如图 2-3-45 所示。

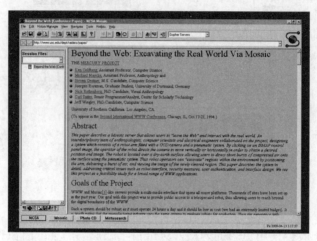

图 2-3-45　超链接文字蓝色显示

（5）禁区色。

分析研究了很多优秀设计作品，发现在用色的时候有一部分区域是不会使用的，也就是我们常说的"配色禁区"；当然，这里的"禁区"是带双引号带的，并没有什么绝对的禁区，只是说这些颜色不易控制，在连基础色都没有驾驭好之前，尽量少碰。

配色禁区大概分为三角形禁区、矩形禁区和扇形禁区（红色为禁区），如图 2-3-46 所示。

图 2-3-46　界面设计（禁区色）

综合看来，不管是哪种禁区，右下角区域的颜色是很少用的。

在 UI 设计中，一般主色和辅助色都集中在右上角，次要的和不可点的颜色都集中在中上方，而文字信息和背景色则集中在左侧，右下角禁区是我们要重点避开的对象。

要点 4：根据行业选择界面配色

通常人们对色彩的印象并不是绝对的，会根据行业的不同产生不同的联想。例如，提起医院，人们常常在脑海中联想到白色；说到邮局，人们往往会想到绿色。这是从时代与社会中逐渐固定下来的知觉联想，充分利用好对这些职业色彩的印象，在设计时所挑选的颜色便更能引起人们的共鸣。

如图 2-3-47 所示，健康行业的移动端界面使用高明度的蓝色与白色相搭配，体现出页面的清爽、干净；使用墨绿色作为点缀色，体现出健康的理念。

小贴士：在选定配色的时候，除了要以主观意识作为基础的出发点，还需要辅以客观的分析方法，如市场调查或消费者调查；在确定颜色之后，还要结合色彩的基本要素对其加以规划，以便将它们更好地应用到设计中。

RGB (162 207 224)　　　　RGB (0 82 46)

图 2-3-47　健康行业移动端界面配色

行业类别划分代表色见表 2-3-2，在多数情况下，关于颜色的选择都可以遵循该表格。

表 2-3-2　行业类别划分代表色

色系	符合的行业类别
红色系	食品、电器、电子电器、计算机、眼镜、化妆品、宗教、照相、光学、服务、衣帽百货、医疗药品、餐厅
橙色系	百货、食品、建筑、石化
黄色系	房屋、水果、房地产买卖、中介、古董、农业、营养、照明、化工、电气、设计、当铺
咖啡色系	律师、法官、鉴定师、会计师、企业顾问、秘书、经销代理商、机械买卖、土产业、土地买卖、丧葬业、石板石器、水泥、防水业、建筑建材、沙石业、农场、鞋业
绿色系	艺术、文教出版、印刷、书店、花艺、蔬果、文具、园艺、教育、金融、药草、公务界、政治、司法、音乐、服饰纺织、纸业、素食业、造景
蓝色系	运输业、水族馆、渔业、观光业、加油站、传播、航空、进出口贸易、药品、化工、体育用品、航海、水利、导游、旅行业、冷饮、海产、冷冻业、游览公司、运输、休闲事业、演艺事业、唱片业
紫色系	美发、化妆美容、服饰、装饰品、手工艺、百货
黑色系	丧葬业、汽车界
白色系	保险、律师、金融银行、企管、证券、珠宝业、武术、网站经营、电子商务、汽车界、交通界、科学界、医疗、机械、科技、模具仪器、金属加工、钟表

下面按照行业类别划分 UI 设计色彩搭配应用分析，大致划分为 11 类。这里带有品牌标准色的界面不做分析了，因为无论 PC 端还是移动端 App 的 UI 设计，必然要和企业标准色保持一致，进行视觉延伸处理。

（1）休闲类界面色搭配。主要涉及旅游、电影、游戏、休闲棋类等，代表网站及 App 如途牛、携程等，颜色搭配特点以饱和度高和明度高为主，蓝绿色居多，类似色和对比色手法比较多，三色搭配为主，有时也出现多色。

1）绿色和蓝色（或高明度的绿色和蓝色）都是凉爽而清闲的色彩，将两者搭配到一起，会带来一股清新明快的气息。橙色作为主要色进行互补色搭配的介入，增强橙色的激情与活力，给人以动能感，如图 2-3-48 所示。

图 2-3-48　休闲类界面色搭配（绿色和蓝色为主色）

2）红色是热情的象征，在页面中可以红色系为主，充满热情，给人以力量。

3）网站可以使用炫彩风格，其中使用了暖色为主色配色，丰富的色彩让网站设计视觉冲击力很强。

4）古代探宝仙侠游戏类、棋类（如三国杀等）以中国式水墨及复古清新风格元素为主，整体给人一种大气而沉稳或神秘而古老的史诗感。

（2）餐饮美食类界面色搭配。主要涉及外卖快餐及超市配送的餐品成品、保健品、甜品、咖啡等，代表网站如必胜客、哈根达斯、家乐福超市等，颜色配色特点以饱和度高和明度高为主，暖色系黄橙色、粉橙色居多，同类色、对比色手法比较多，经典搭配如红色与绿色、粉色与天蓝色，黄橙色与咖啡色激发食欲。三色搭配为主，有时也出现多色。

1）如图 2-3-49 所示，一款以蓝色为主的冷色系，点缀纯红色及其他色，给人以冰冷坚硬和干净甜美的感觉，以高明度的色调为主，透露出悠闲与舒适感觉；另一款以绿色为主色调，给人新鲜、健康的感觉。

2）使用黄橙色暖色系使人产生甜美味觉感，以褐色和橙色为主可以制造出味道微苦浓郁口感令人回味的效果，让人流连忘返，如咖啡、烘焙产品。

3）有的绿色为主，体现绿色健康的理念，如保健类食品，风格清新阳光，给人安全感。

（3）教育文化类界面色搭配。主要涉及职业教育、科技发明、软件开发与应用等。颜色配色特点以饱和度高和明度高为主的蓝色和浅中灰色居多，同类色手法比较多，经典搭配如白色与浅蓝色、浅蓝色与中灰色，以无彩色黑白灰色为主调，或两色搭配为主。软件公司黑白灰色调如图 2-3-50 所示，幼儿教育经常出现高明度多色搭配，如图 2-3-51 所示。

图 2-3-49　餐饮美食类界面色搭配（2 个）

图 2-3-50　教育文化类界面色搭配（设计
软件网站）

图 2-3-51　教育文化类界面色搭配（儿童
英语教育网）

1）非营利组织的网站，如公益宣传网站如反暴力、反种族歧视、反战、反环境污染，以及纪念重大历史事件等，黑色让人感觉严肃，要慎重使用。

2）采用多种鲜艳饱和度高色彩和明度高清新的花草色，营造内容活泼的气氛。如网站以淡黄色和绿色为主，整体风格清新自然。

（4）电子商务类界面色搭配。主要涉及电子商务、通信、邮递等。颜色配色特点以无彩色白色和中性灰为主，搭配饱和度高或明度高的明艳的三原色中单色或 2~3 种辅助色。

1）在网站使用不同面积的无彩度的黑、白、灰色，很容易与其他纯亮色彩搭配，让人感觉轻松明快。

2）网站可以使用复古的深沉色调的蓝色和绿色，给人一种岁月静好的感觉，如图 2-3-52 所示。

图 2-3-52　电子商务类界面色搭配（复古色）

3）网站中色块运用面积较大，如蓝色、黄色和白色，给人一种可以信赖的感觉。

4）使用比较艳丽的红色，使整体风格活泼，能够吸引人的视线。

5）以灰色和黄色为主，整体风格简洁大方，用户体验良好。

（5）健康类界面色搭配。主要涉及医疗卫生器材、医院、健康栏目等。颜色搭配特点常以高明度和蓝绿色搭配纯白色为主，如图 2-3-53 所示。给人舒适惬意宁静感，也体现干净卫生、消毒杀菌、精密科技感。也有黄橙色搭配中性黑白灰色，给人唤醒活力，补充能量感，有点类似健身类界面。

图 2-3-53　健康类界面色搭配

（6）家居装修类界面色搭配。主要涉及租房售房、家具、装修等。配色特点常以暖色系黄橙色和冷色系蓝绿灰色居多，给人温馨和谐、专业化的感觉。

1）界面运用中性的灰色能够表现出精致温馨的家居场景和优秀的摄影场景。用橙黄色等大量暖色系融入，能够使整体感觉细腻精美温馨和谐。

2）多元古风元素采用冷色系，冷绿色系搭配中性灰色系营造宜居清雅气氛，让人赏心悦目。红紫色系的红木紫檀家具给人精美高贵、有品位的感觉，暗红色与橙色、蓝紫色给人奢华感。

（7）美容化妆类界面色搭配。主要涉及美容化妆、医疗美容等。颜色搭配特点常以粉紫色和冷色多彩色系居多，给人甜美或魅惑的感觉。

1）界面以海蓝色作为主色调，打造出节奏舒缓、柔美的效果，突出产品补水的功效。以绿色风格让浏览者感受到化妆品成分的天然性。

2）使用黑色和红色的搭配透露出知性。界面以黑色和蓝色为主色调搭配无彩色，用在男性化妆品界面中表达清新感。

（8）艺术设计类界面色搭配。主要涉及个人艺术类、综合类艺术类、各民族文明代表性艺术（如中国传统文化）等。颜色搭配特点常以高纯度多彩色系居多，给人活泼或魅惑的感觉，黑色则表现酷感、个性感。

（9）综合门户类界面色搭配。功能区分作用的界面配色引导用户快速识别各模块信息。如果以灰色为主、蓝色为主界面，则给人以理智的感觉。

（10）服装服饰类界面色搭配。主打休闲服饰和职业装界面的风格略有不同。休闲服饰以饱和度高的纯色为主。若是职业装，则以高级灰色为主、采用中性不同彩色高级灰色系，整体设计呈现自然亲和感，环保舒适感；明度越低，颜色越暗，使品牌充满神秘高贵之感；使用明亮黄色系这种天真色系表现服装，充满童话感。

（11）汽车运输类。细分行业以赛车、家用轿车、电动车为主等界面。以蓝色为主，给人以放松感，搭配中性灰色，给人以专业化、机械性能感；若以丰富的颜色搭配，页面用流动的色彩为背景，则体现出界面的多彩与活泼，使整个画面具有速度与时尚感；黑色、蓝色和黄色搭配，给人清澈和辉煌的印象；赛车类红色不同明度的变化，突出了网站空间感，白色增多给人以干练的感觉；红蓝橙纯色搭配，给人速度与激情之感。

要点5：根据浏览者色彩偏好选择界面配色

设计者如果想在设计中恰当地使用色彩，就要从多个方面考虑色彩的实用性。首先，在开始设计之前必须要确定目标群体，即作品的浏览者，设计者要对浏览者有一定基本了解，如受性别、职业、年龄和生活环境等因素影响产生对颜色的偏好，或是因国家、民族的不同而有所差异。同样的颜色在不同的时代或流行趋势下，会使浏览者对其产生不同的好恶。例如，以前多数人不喜欢黑色，认为它是不吉利、阴暗的象征，只有丧事才会使用，但是随着时代的变化，黑色已经成为高雅、品位的象征。

（1）根据性别的配色设计。男性和女性的对UI界面设计的色彩偏好是不同的，不同年龄段男女的色彩偏好也是不同的。

1）男性喜欢的配色。男性通常会对深色系的颜色更为钟情，喜欢的颜色多以蓝色、棕色和黑色为主，男性对色彩的喜好，见表2-3-3。

下面通过一个网页设计的案例为读者详细阐述如何使用颜色吸引产品所针对的用户，如图2-3-54所示。界面使用灰色作为背景色、深蓝色作为主色，搭配充满动力的背景图，使整个页面动感十足，表现出顽强的生命力。将大面积的产品图与肌肉线条硬朗的模特搭配在一起，能够吸引产品所针对用户的注意力，使其产生购买欲望。

表 2-3-3　男性对色彩的喜好

色相/色调	示例 1	示例 2
喜欢的色相	蓝色 深蓝色 深绿色 棕色 黑色 灰色	
喜欢的色调	深色调 暗色调 钝色调	

RGB (205 205 205)　　RGB (221 61 1)

图 2-3-54　男性喜欢的配色界面应用

2）女性喜欢的配色。通常女性喜欢的颜色与男性相反，女性多对明艳色调感兴趣，多喜欢粉色和红色等，见表 2-3-4。

表 2-3-4　女性对色彩的喜好

色相/色调	示例 1	示例 2
喜欢的色相	粉红 红色 紫色 紫红色 青色 橙红色	
喜欢的色调	亮色调 明艳色调 粉色调	

下面通过针对于女性客户的网站促销页面设计的案例，为读者详细解读女性喜欢的配色的应用。如图 2-3-55 所示，神秘的粉紫颜色通常会引起女性用户的注意力。将产品部分设计为神秘浪漫的红紫色，给人以奢华、优雅和华丽之感，更容易吸引女性，促使其产生购买欲望。

图 2-3-55 女性喜欢的配色界面应用

（2）根据年龄段的配色设计。不同年龄阶段的人对颜色的喜好有所不同，随着年龄的增长，人们喜欢的颜色向多彩色过渡并且向黑色靠近，如老人通常偏爱灰色、棕色等，儿童通常喜爱红色、黄色等。也就是说，人的年龄越接近成熟，他们越趋向于喜欢饱和度低的颜色。不同年龄段人群对色彩的喜好见表 2-3-5。

表 2-3-5 不同年龄段人群对色彩的喜好

年龄层次	年龄段	喜欢的颜色	
儿童	0～12 岁	红色、黄色、绿色等明艳温暖的颜色	
青少年	13～20 岁	红色、橙色、黄色和青色等高纯度、高明度的色彩	
青年	21～40 岁	纯度和明度适中的颜色，还有中性色	
中老年	41 岁以上	低纯度、低明度的颜色，以及稳重严肃的颜色	

1）儿童喜欢的配色。儿童性格总是天真活泼的，明度和纯度较高的配色可以为他们营造欢快、明朗的感觉，如图 2-3-56 所示。

图 2-3-56　儿童喜欢的配色界面应用

2）老人喜欢的配色。中老年喜爱的配色与儿童恰恰相反，中老年人喜爱的是稳重和肃穆感，表达传统厚重与古旧感，如褐色、灰绿色、米黄色等。图 2-3-57 所示为一款西湖博览会展览馆多媒体系统界面设计，体现以灰褐色为基色，饱和度有明暗变化。

RGB (121 112 99)　　　　　RGB (208 203 184)

图 2-3-57　老人喜欢的配色界面应用

（3）不同地域、民族的配色设计。

1）地域差异造成对色彩的好恶。由于地域的差异所引起对色彩的好恶不尽相同，同一颜色在某些国家或地区极受喜爱，但以这种色系设计的界面设计若到了不同的国家或地区，却极有可能正是当地的忌讳色而不受欢迎，浏览量大大降低。例如，西班牙喜爱黑色，瑞士却禁忌该颜色；荷兰、挪威、法国等国家都喜爱蓝色，但埃及却禁忌它；很多国家的人们都认为传统鲜艳色好看，如意大利、哥伦比亚、缅甸等，但日本却不这样认为，反而对白色、灰色情有独钟，日本自产的食品包装很多就是用这些色调来表现。因此界面设计时对色彩的选用尤其要重视这些差异，才能在产品浏览量和点击率竞争中占有绝对优势。

不同国家所属宗教和特殊历史经历也使得人民对色彩有了不同好恶。比如绿色，它是阿拉伯人喜爱的颜色。但在法国和比利时，人们都厌恶墨绿色（blackishgreen），因为在第二次世界大战期间，两国曾饱受德国纳粹占领之苦，而纳粹的军服色是墨绿色。我们笼统统计了同一颜色不同国别的喜好差别禁忌见表 2-3-6，这里选取了比较典型的色彩好恶对比。

表 2-3-6　同一颜色不同国别喜好差别禁忌

色彩	喜	禁
黑色	西班牙	瑞士/新加坡
蓝色	荷兰/法国/挪威	埃及/比利时
鲜艳色（品）	意大利/哥伦比亚/缅甸	无
白色、灰色	日本/沙特阿拉伯/埃及	印度/中国/土耳其
红色	中国/阿富汗	尼日利亚/马达加斯加
黄色	苏丹	埃塞俄比亚/沙特/新加坡/沙特阿拉伯
绿色	伊拉克/利比亚/巴基斯坦/阿富汗	英国/法国/比利时
紫色	中国	沙特阿拉伯/埃及/秘鲁

以我国为代表的东方色彩具有很强的装饰性。我国传统色彩中以黑、白二色为基础，体现了辨证思维特点的"阴阳色彩观"，即"二气相交，产生万物"的观念。以黑、白二色为基础加上红、黄、青三原色所形成的五个正色，是我国传统的五色观。以五色配以不同的纹样象征不同的方位：青龙为东、白虎为西、朱雀为南、玄武为北，中央是天子为黄，并将五色与五帝、五神、五行、五德串连附会在一起，构成五行说。如果以现代色彩观念来分析五色观，将五色分解开来，即为三原色（红、黄、青）加上两极色（黑、白）。这正是色立体的最基本的构成因素。由此可见，即使以现代色彩观念来衡量五色观，它亦是很科学的方法。图 2-3-58为中国五行色彩生克直观图。

中华民族是个衣着尚蓝、喜庆尚红的民族。中国人使用红色历史最为悠久，民间对红色的偏爱，与我国原始民族崇拜有关。红色具有波光最长的物理性能，它的色彩张力对人们的视神经产生强烈的刺激作用。古往今来，红色以它光明与正大、刚毅与坚强的性格长期影响着我国的民族习惯。中国历史上正色（红、紫、黄）被视为上等如皇室，含灰色被视为低级如平民，一般使用就必须追求艳度高的配色，高艳度、强对比成为中国传统的配色方法。这类配色手法，在界面配色设计中应加以借鉴与吸收。

中国传统色主要从建筑、服饰、妆容配饰中体现。中国传统色配色色板如图 2-3-59 所示，中国红配色色板图 2-3-60 所示。

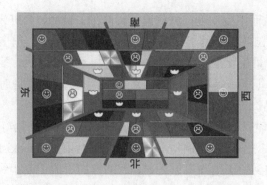

图 2-3-58　中国五行色彩生克直观图

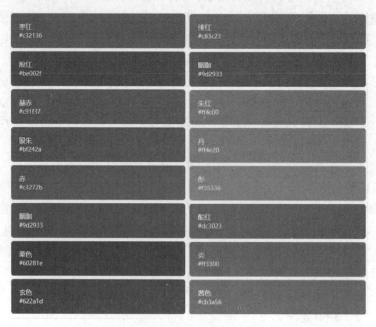

图 2-3-59　中国传统色配色色板

枣红 #c32136	绛红 #c83c23
殷红 #be002f	胭脂 #9d2933
赫赤 #c91f37	朱红 #ff4c00
银朱 #bf242a	丹 #ff4e20
赤 #c3272b	彤 #f35336
胭脂 #9d2933	酡红 #dc3023
栗色 #60281e	炎 #ff3300
玄色 #622a1d	茜色 #cb3a56

图 2-3-60　中国红配色色板

比对研究认为，故宫红接近中国传统色值绯红 RGB(200,60,35)。故宫为国之重器，亦为新年的代表建筑，而这抹故宫墙色也如"克莱因蓝"般成了独一无二的命名色调。也许是因岁月长河的洗涤，故宫红相较于灯笼红的明亮，增添了一份橘土调的复古。古诗词也说明中国传统中最欣赏和最尊贵的红应该是偏朱红的故宫红，如图 2-3-61。然而现在大多数中国人印象中的中国红却是以故宫为代表的大红色，其实是种误解。图 2-3-62 为一款中国偏暖橙色调大红的春节促销 App 界面配色设计。图 2-3-63 为国际知名品牌主打中式婚礼网站的界面设计，以婚礼现场的中国传统故宫红色和正色为主打，也有偏冷色调的暗红体现高贵神秘，作为网站主打封面。

图 2-3-61 故宫红

图 2-3-62 春节促销 App 界面配色设计

图 2-3-63 国际知名品牌主打中式婚礼网站的封面设计

大多欧洲国家对红色也比较喜爱。红色的含义很丰富，它是既代表危险，也代表激情和亢奋，而紫色则有奢华感。维珍航空使用略偏紫的红色，作为界面设计用色，营造出富有奢华和激情的氛围，正面而富有高级感，如图 2-3-64 所示。

在进行品牌设计时，选择配色的第一步，始终是了解各种颜色或者色相的气质和情感属性。然后，在具体设计的时候，进一步根据品牌的气质和需求，再在色相的基础上调整明暗和饱和度。

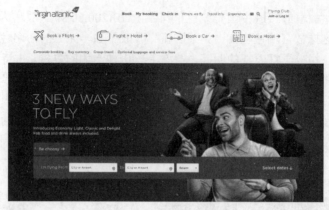

图 2-3-64　维珍航空界面设计

2）历史对相关联文化国家的配色影响。时间变化对于配色所带来的影响很大，例如，中日两国在色彩使用上存在一个非常典型的差异，中国自古以来崇尚饱和度较高的正色，而日本则大多使用饱和度偏低的间色，这一特征可以从两国的传统色上体现出来，中日传统色对比如图 2-3-65 所示。

图 2-3-65　中日传统色对比

（4）针对色盲用户群体的配色设计。当人们谈论色盲时，通常指的是不能感知某些色彩。大约 8%的男性和 0.5%的女性患有不同程度的色盲。其中，最常见的是红绿色盲，严重者甚至不可以单独驾驶车辆，因为对交通灯变色不敏感，很容易引发交通事故。正常人与色盲人士实际看到色轮中的颜色对比，如图 2-3-66 所示。正常人和红绿色盲看到的相同色彩（黑色和绿色缺陷），如图 2-3-67 所示。

因为色盲有多重表现形式，如红绿色盲、蓝黄色盲和单色色盲。所以运用多样的视觉线索来连接 App 的重要状态是很重要的。绝不要仅仅依靠色彩来表示系统状态。相反，应使用元素（如笔画、指示符、图案、纹理或文本）来描述操作和内容。需要注意的就是不要简单认为色盲就是简单地分不清红绿，色盲用户对色彩的感受差异不仅仅是单独某种的问题，是某些范围色光的敏感程度问题。

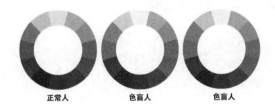

图 2-3-66 正常人与色盲人士看到色轮中的颜色对比　　图 2-3-67 正常人和红绿色盲看到图像对比

有趣的事实：Facebook 的标志和不怎么讨喜的蓝色配色是特意挑选的。因为 Facebook 创始人马克·扎克伯格是红绿色盲，他对蓝色的识别是最好的。他曾说过，"蓝色是我生命中最丰富的颜色，我几乎可以看见这世上所有的蓝色。"如图 2-3-68 所示。

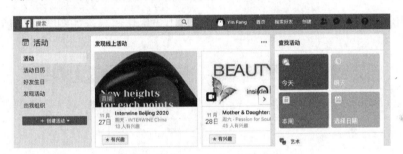

图 2-3-68 Facebook 网站界面设计

Avocode 允许可视化地比较设计的修订版本。此外，Photoshop 有非常实用的工具来帮助模拟色盲，这个功能让设计师可以看到在色盲用户眼中的界面的样子。Pinterest 登录页红绿色盲视图如图 2-3-69 所示。

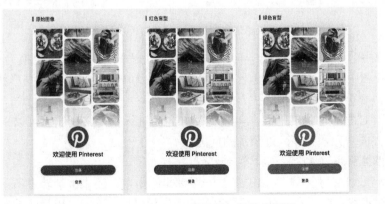

图 2-3-69 Pinterest 登录页红绿色盲视图

　　开启 iPhone 手机色盲用户色彩滤镜的方式：手机设置→通用→辅助功能→显示调节→色彩滤镜，如图 2-3-70 所示。

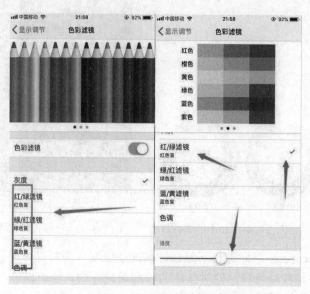

图 2-3-70　iPhone 手机色盲用户色彩滤镜设置

　　下面以点状图信息图形为例来说明如何为色盲用户优化信息，如图 2-3-71 所示。

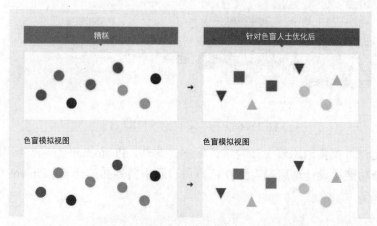

图 2-3-71　以点状图信息图形为例（色盲用户与正常人对比）

　　优化采用的手段：①调整配色，将色盲人士容易混淆的红、绿、橙色换为红、蓝、黄色；②调整明度，使图中几个颜色在明度上差异更明显；③为不同元素赋予不同形状。所有使用点元素的信息图，都可以参考这种解决方式。

　　在实际设计过程中，我们需要在美观和友好之间进行权衡。我们也可以采用一些交互手段，避免同一界面中元素太多太过杂乱的问题。

　　要点 6：根据商品销售阶段选择界面配色

　　（1）商品导入期。处在导入期的产品一般都是刚上市，还未被消费者所熟知。为了加强宣传力度、刺激消费者的感官、增强消费者对产品的记忆度，可以选用艳丽的单一色系作为主色调。例如，可口可乐公司网站采用标准色大面积红色，以不模糊商品诉求为重点，将产品的特性清晰而直观地诠释给用户，如图 2-3-72 所示。

（2）商品拓展期。经过前期的大力宣传，处在拓展期的产品一般已为消费者熟知，市场占有率相对提高，并开始有市场竞争。为了能够在同化的产品中脱颖而出，这一阶段的网页应该选择比较时尚和鲜艳的颜色作为主色调，背景为标准色结合中国红变暗红色。2008 年北京奥运会时，可口可乐公司移动端界面中长图宣传海报设计的主色调采用青春活力绚烂色彩，如图 2-3-73 所示。

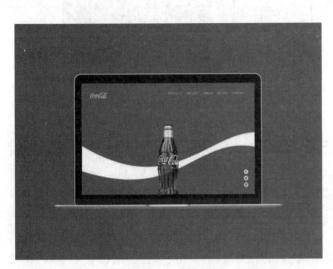

图 2-3-72 导入期　　　　　　　　　　　　图 2-3-73 拓展期

（3）商品成熟期。处在成熟期的产品一般已经有了比较稳定的市场占有率，消费者对产品的了解也已经很深刻，并且有了一定的忠诚感；而此时市场也已经接近饱和，企业通常无法再通过寻找和开发新市场来提高市场占有率。此时企业宣传的重点应该是维持现有的顾客对品牌的信赖感和忠诚感，所以应该选用与主打产品概念相同或相符的色彩作为主色调，如可乐产品棕黑色搭配企业标准色，如图 2-3-74 所示。

（4）商品衰退期。市场是残酷的，大多数商品都会经历一个从兴盛到衰退的过程。随着其他商品的更新和更流行的商品出现，消费者对原来的商品不再有新鲜感，该商品的销售量也出现下滑，此时这个商品就进入了衰退期。当产品处于衰退期时，消费者对产品的忠诚度和新鲜感都会有所降低，他们会开始寻找新产品来满足自己的需求，最终导致产品的市场份额不断下降。这一阶段的主要宣传目标就是保持消费者对产品的新鲜感。例如，美国可口可乐公司 2015 年的亚洲研究数据表明，可口可乐在中国和其他亚洲市场进入衰退期，但可口可乐公司秉承奥运营销战术，锁定体育赛事，因此，需要对产品形象主色调进行改进和强化，如图 2-3-75 所示，企业一改往常一统天下大面积重复的标准红色作为主色调，转为深朱红色和靓丽的蓝绿色搭配。2022 年北京冬奥会时，可口可乐的移动端界面设计一定会有新动作。

图 2-3-74　成熟期

图 2-3-75　界面设计概念推广提案

任务实现——移动端界面主色配色设定

移动端界面关键配色步骤（三步走）如下：

第一步：原图色彩分析（基于色彩基本原理）。

第二步：提取色值并存储。

第三步：填色（配色）。

以中华传统剪纸艺术色彩元素为例。我们的任务是研究如何取色与配色并应用到 UI 设计中，提取剪纸图片中的颜色值并在合适的移动端界面进行色彩搭配，如图 2-3-76 到图 2-3-77 所示。应如何实现呢？

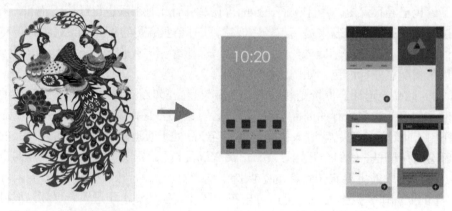

图 2-3-76　染色剪纸原图　　　　　图 2-3-77　手机界面主页剪纸色配色示例

具体制作步骤如下：

（1）原图色彩分析。观察图 2-3-78 并思考两个问题。

问题 1：中国染色剪纸设计中发现配色现象？（鲜艳、明亮、暗淡、淡雅？）

问题 2：这种配色属于什么配色原理？（对比色、邻近色？）

民间色彩搭配原则：高纯度强对比（高中调对比）。如"红花配绿叶""黄马配紫鞍""黄身紫花，绿眉红嘴，显得鲜明""红配黄、亮堂堂""紫是骨头绿是筋，配上红黄色更新"等。民间剪纸作品的色彩以鲜艳、明快，简中求繁为特征。同类色、邻近色的搭配比较少。整体色彩要求协调，即注意各种颜色的比例。有的出现过大的单色块面，有的设色色相比例值相对均匀。

图 2-3-78 染色剪纸（孔雀）

（2）提取色值并存储。

1）取色。使用 Photoshop 软件及其他配色工具取色常见有 3 种方法，画笔色轮、马赛克、配色软件（插件）。

方法 1：画笔色轮提取法。

打开 Photoshop 软件，依次进行的操作：编辑→首选项→性能→图形处理器设置→勾选"使用图形处理器"；首选项→常规→HUD 拾色器→色相轮，大小任选；重启 Photoshop 后，用鼠标拾取画笔工具，同时按住 Alt 键和鼠标左键，靠近图片中色彩进行取色，"色轮"会显示与取色上一个颜色值，呈现同时双色对比，方便比较前后色值信息。由于选择采集色样主观性大，需要一定设计经验。

方法 2：马赛克提取法。

滤镜中马赛克命令，调节方块大小，将全色面积，化解成多个方块，更加方便吸色。但是也存在一个问题，肉眼使用吸管点色，要删选出关键色块，如果色彩经验不足的话，还是会耗费时间，如图 2-3-79 所示。

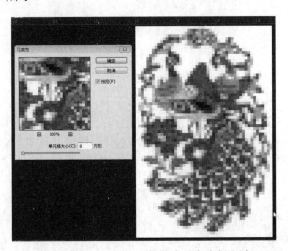

图 2-3-79 Photoshop 软件中马赛克提取法

方法 3：配色软件提取法。

例如，一款配色软件在线网站地址为 https://color.adobe.com/zh/create，上传彩色剪纸图片（从影像汲取），可以以不同色彩模式立刻显示色彩构成色值数值，或者实物取色（略前面提到过），如图 2-3-80 所示。

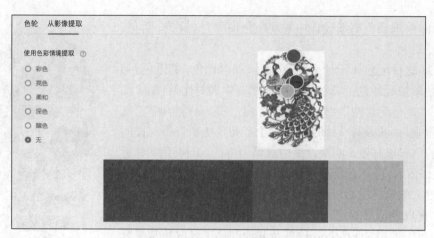

图 2-3-80　Adobe Color CC 配色软件提取法

小贴士：实物取色器。

①Nix 钻石形实物取色器。受自然界中钻石色散作用的启发，Nix Sensor 公司开发了这款同名的取色器。取色后，它就会导出 RGB、CMYK、Lab 等色彩模式的相关信息，提升工作效率，如图 2-3-81 所示。

图 2-3-81　Nix 钻石形实物取色器

②实物色取色笔。实物色取色笔如图 2-3-82 所示。取色笔是 2008 红点设计获奖作品，由韩国设计师 Park Jinsun 设计。如同将扫描仪和打印机合二为一到了一只笔里面，是好"色"之徒的必备工具。任何时候，只要看到了心仪的颜色，无论这颜色是来自花草，还是手边的杂志，甚至是人的肌肤，只需要将笔头靠近它简单一扫，这颜色的数据便立即传送至取色笔中，随即，内部的处理芯片便会控制墨盒进行精确调色，就能从笔尖画出同样的颜色了。

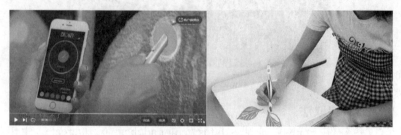

图 2-3-82　取色笔

配色软件色值复制颜色代码，可导入 Photoshop 的色板库中，并填色。Photoshop 中复制颜色代码如图 2-3-83，Photoshop 中存储色板面板图 2-3-84 所示。

图 2-3-83　Photoshop 中复制颜色代码

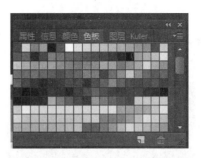

图 2-3-84　Photoshop 中存储色板面板

2）调色。确定主色与其他比例分配。设计时可以降低它的色彩饱和度，将橘粉色作为界面的背景色，大红色作为主色（即标准色），绿色最少，作为点缀色。色卡值的比例分配，按照一般界面配色原则，即 6:3:1 原则，也就橘粉色是 6（含白与浅灰），大红色（含桃粉）为 3，绿和其他配色为 1，如图 2-3-85 所示。剪纸配色界面效果预览如图 2-3-86 所示。

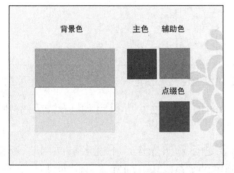

图 2-3-85　剪纸配色比例分配

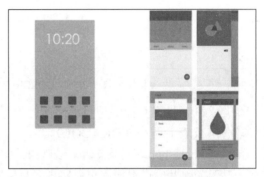

图 2-3-86　剪纸配色界面效果预览

（3）填色（配色）。色彩界面效果预览方法。

1）直接填充图层法，如图 2-3-87 所示。

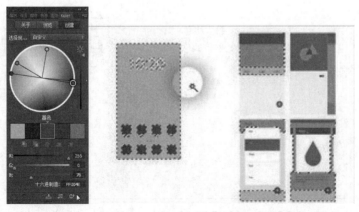

图 2-3-87　Photoshop 中 kuler 插件配色器直接填充图层法

优点：可以实现配色色值卡快速预览与生成，可以任意调节"色相、饱和度、明度"选项。
缺点：选区或图层填色法，多次操作，不能多页面同时操作。

2）移动端界面在线配色工具法（快速预览），COLOR TOOL 在线配色网站预览如图 2-3-88 所示。

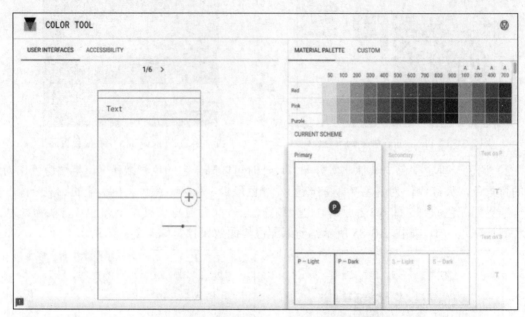

图 2-3-88　COLOR TOOL 在线配色网站预览

优点：一次性多页面快速自动匹配。根据主界面所选主色，可以自动匹配导航等他页面配色软件（代表工具 COLOR TOOL）。

缺点：Photoshop 多选区或单一图层填色，需要进行多次操作，不能多页面同时操作，不方便直接预览结果。推荐使用可以实现多页同时预览的 COLOR TOOL 工具，它是一款针对手机 UI 界面在线配色工具。根据所选主色、匹配色盘与自定义自动匹配导航等其他页面配色及文字色，多达 6 种框架设计布局界面色彩预览，如图 2-3-89 所示。

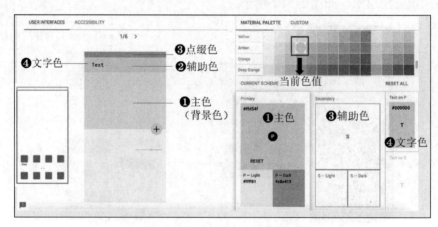

图 2-3-89　COLOR TOOL 工具 匹配色盘与自定义

以单一色系为例，进行两种方法对比。Photoshop 拾取色填充配色卡如图 2-3-90 所示，COLOR TOOL 选主色后同步移动端界面预览如图 2-3-91 所示。

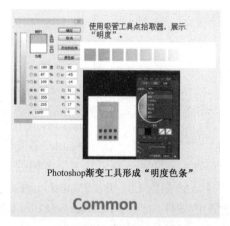

图 2-3-90　Photoshop 拾取色填充配色卡

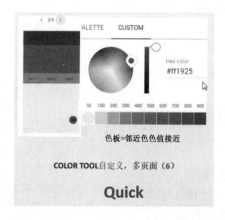

图 2-3-91　COLOR TOOL 选主色后同步移动端界面预览

最终配色方案如图 2-3-92 所示。

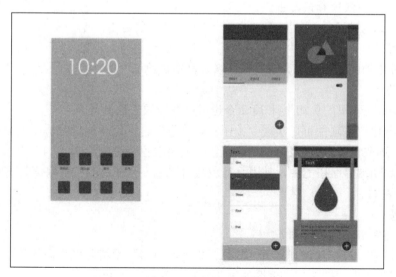

图 2-3-92　配色方案

任务检测

要点测试

1．选择题

（1）不属于色彩搭配设计检验标准的是（　　）。

　　A．Hierarchical 交互性　　　　　　B．Visibility 可视性

　　C．Expressive 传达性　　　　　　　D．Legible 易读性

（2）移动端界面设计中可以实现快速预览工具中最方便的是（　　）。

　　A．COLOR TOOL 界面设计配色工具　B．Photoshop 配色插

　　C．Adobe Kuler 取色配色软件　　　D．Adobe Color CC 取色配色软件

（3）下列不属于中国传统民俗产品配色特点的是（　　）。

　　A．色彩鲜艳，饱和度高

　　B．色彩面积比例值接近，有时也使用单一大面积纯色

　　C．常用对比色与互补色

　　D．常用同类色、类似色（邻近色）、反差色

2．多选题

（1）下面是用户界面的评价指标的是（　　）。

　　A．主题明确　　　　　　　　　　　B．视觉冲击力

　　C．色彩搭配合理　　　　　　　　　D．设计规范

（2）主流取色配色软件有（　　）。

　　A．Adobe Color CC 取色配色软件

　　B．Adobe Kuler 取色配色软件

　　C．Adobe Photoshop 色轮提取及配色器插件

　　D．Nix

（3）移动端界面色彩搭配主要技巧有（　　）。

　　A．对比与调和　　　　　　　　　　B．渐变色运用

　　C．留白　　　　　　　　　　　　　D．单一色与无彩色

　　E．颜色的面积、形状、位置关系（九宫格试色法）

3．判断题

（1）Photoshop 里的色相/饱和度命令也可以对图像去色处理。（　　）

（2）专业化取色软件可以实现"拍照实景取色"进行色彩配色解析，专业色彩取色器可实现"实物扫描取色"，甚至直接使用取色色彩使用取色笔进行绘制。（　　）

（3）在移动端界面搭配中，常用互补色与对比色，互补色的色值取值为 120°以内，对比色取值为 90°左右。（　　）

拓展思考

1．市面还有哪些取色仪器？

2．思考可以设计一款使其具有"敦煌元素剪纸风格"手机主题桌面的界面设计吗？关键在于色彩选取与搭配比例布局，例图如图 2-3-93、图 2-3-94 所示。

图 2-3-93 敦煌壁画（局部）

图 2-3-94 莫高窟预约导览系统手机界面

项目总结

　　本项目通过 3 个任务，学习了色彩的基本认知、移动端界面设计色彩搭配、色彩情感在移动界面中的应用理论知识及案例分析。重点在于移动界面色调设定，难点在于移动端界面设计色彩搭配的实际灵活运用，及渐变色合理使用，特色在于中国传统色分析和其他辅助色彩分析的小工具。学习本项目容易上手，好理解，但是设计制作出既美观又符合行业标准规范的图标则需要大量设计与制作训练才可能达到。

项目习题及答案

图标设计篇

项目三　使用 Photoshop 设计制作图标

一个小小的图标对于 App 应用、移动端界面都是至关重要的。虽然它看起来简单，但是需要大量的时间和精力来设计制作。尽管与用户交互很少，但依然是用户体验使用的高效元素之一。它是 UI 设计的基本元素。本项目先介绍图标的功能作用，图标的类型，图标设计流程及设计原则、规范和方法，并通过任务形式来分别细致介绍线性图标、面性图标、线面结合图标、扁平化风格、轻拟物风格、写实风格的设计与制作方法。通过学习，进一步了解界面图标的设计制作要求和流程，掌握图标设计制作的技能。

知识目标：
- 知图标的功能、类型、设计规范、设计原则。
- 知图标设计方法、制作方法。
- 知图标风格及风格表现要点。

技能目标：
- 能运用软件制作图标。
- 能制作出表现不同风格类型的图标。
- 能设计制作出符合规范和原则的图标。

素质目标：
- 培养结构分析能力。
- 培养审美造型能力。
- 培养创新思维能力。
- 培养职业规范素养。

任务 1　认识图标设计

任务要点

要点 1：图标作用

图标是界面设计中的重要元素，它不仅是一种图形，更是一种标识，具有高度浓缩并快捷传达信息、便于记忆的特性。图标在界面中代表一个文件、程序、网页或命令，帮助用户快速执行命令和打开程序文件。图标不仅具备功能属性，还具备美化装饰的作用。

它是界面形象的重要体现，一个精美的界面，图标是它的灵魂所在。一个好的图标往往在吸引用户眼球、理解 App 功能和引导客户下载中起到重要作用。

要点 2：图标组成

手机桌面图标一般由底框和主视觉两部分组成，如图 3-1-1 所示。图标底框一般为圆角矩形，也有其他形状，如图 3-1-2 所示。圆角矩形在系统中的圆角值为固定值，在主题设计时，设计师可以自主设计底框造型和圆角值。主视觉造型能够体现图标的功能与作用。

底框　　　　　　主视觉　　　　　　图标

图 3-1-1　图标组成

图 3-1-2　图标底框的其他造型

要点 3：图标分类

从图标功能角度，图标大致分为功能图标、启动图标和系统主题图标。功能图标可理解为界面上表示指代意义的图形，如图 3-1-3 所示。启动图标也可称作应用图标，是各种应用程序的识别标志，我们在应用商店里下载的应用程序的启动图标，如图 3-1-4 所示。系统主题图标是系统主题的一部分，图标具有个性化，主题具有唯一性、创新性和独特性，如图 3-1-5 所示。

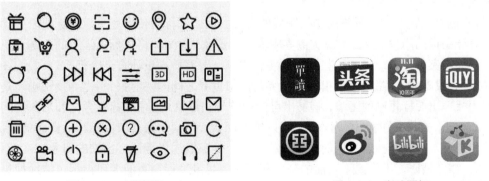

图 3-1-3　功能图标　　　　　　　　　　图 3-1-4　启动图标

图 3-1-5　系统主题图标

从图标风格角度，可分为线性图标、面性图标、线面结合图标、扁平风格图标、轻拟物图标、写实图标等，如图 3-1-6 所示。

（a）线性图标　　　　　　　（b）面性图标

（c）线面结合图标　　　　　　（d）扁平风格图标

（e）轻拟物图标　　　　　　　（f）写实图标

图 3-1-6　图标风格

要点 4：图标设计流程

（1）定义主题。了解所要创建的图标的含义。明白图标的使用场景、图标代表的含义，确定所设计图标的隐喻，能否用现实世界中真实的形象来表达。将图标所涉及的关键词罗列出来，重点词汇突出显示，确定这些图标围绕的主题，对整体的设计有一个把控。

（2）寻找隐喻。"隐喻"是指真实世界与虚拟世界之间的映射关系。"寻找隐喻"是指通过关键词梳理出图标正确的隐喻，脑暴出可能的符号和形象。记住图标的含义和形象之间的关联，以最佳的形式呈现图标，直指本质。可以借助词典和单词集来获取图标相关概念的关键词、同义词和定义。简化和抽象我们的想法，找到一个抽象概念"翻译"出来的对象。

（3）彻底调研。不拘泥于当前的任务和状态，尽量进行彻底的调研，尽可能地搜集相关参考资料。可能有人已经为这一主题设计了不错的图标版本，可以参考已有的设计，获取灵感。

（4）抽象图形。对调研素材及生活中的素材进行归纳，提取素材的显著特点，明确设计的目的，这是创作图标的基础。要注意的是，图形的抽象必须控制，图形太复杂或者太简单，辨识度都会降低。

（5）绘制草图。对实物进行抽象化提取后，就可以进行草图的绘制，形成视觉形象，即最初的草图。

（6）确定风格。在确定了图标的基准图形后，下一步是确定图标的颜色和样式，即根据图标的类型选择合适的颜色。图标风格是扁平的、线性的，是用符号还是借助手绘来呈现，这都需要考虑到。有的 UI 设计有很清晰的要求，如 iOS 平台和 Material Design 语言，如果 UI 设计师有非常清晰固定的设计风格，那么图标的设计需要尽量贴近。

（7）制作和调整。根据既定的风格，使用软件制作图标，看看它最终呈现是否正确，要注意保持整体设计的一致性。

（8）场景测试。要保证图标在各个场景下都有良好的识别性。

要点 5：图标设计原则

（1）可识别性原则。可识别性原则是指图标要能准确表达相应的操作，即我们看到一个图标，就要明白它所代表的含义，这是图标设计的灵魂。从扁平化设计风格成为流行趋势开始，拟物化图标逐渐消失，取而代之的是弱化质感后的扁平图形。这其实对设计提出了更高的要求，原来我们可以用很具象的图形来表现，现在只能通过抽象的图形来传递正确的信息。例如，在 iOS 中，系统音乐应用的图标是非常好的设计范例，而游戏中心的隐喻性就很差，用户很难从几个彩色的气泡中读懂它的含义，无法从中获得相关的信息，如图 3-1-7 所示。图 3-1-8 中的前三个应用用户能很轻易地识别它们的产品属性，最后一个应用图标虽然带有鲜明的个性特征，但单从视觉上很难传递给用户"相机、拍摄、照片"等信息。

（a）音乐图标 　　　　　（b）游戏图标

图 3-1-7　iOS 中系统音乐和游戏图标

（a）水印相机 　　（b）相机 360 　　（c）美颜相机 　　（d）黄油相机

图 3-1-8　相机应用图标对比

（2）差异性原则。差异性原则是指图标要有差异化，以便用户辨认和操作。App Store 有数以百万的应用，搜索常见的产品名称可以出现几十上百个结果，它们许多的应用图标都大同小异。要想让设计的应用图标从众多的同类产品中脱颖而出，设计师在进行图标设计时，必须在突出产品核心功能的同时表现出差异性来，避免视觉同质化，如图 3-1-9 所示。一些优秀的图标，往往能够知图达意，堪称设计典范，图 3-1-10 为 Photoshop CC 2018 的部分图标，图中的图标完全符合差异性原则，每个图标一眼望去都不一样，并且能够代表所需要的操作精致、专业，堪称图标设计的典范。

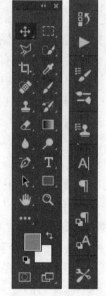

（a）Clear　　（b）Todoist　　（c）OmniFocus　　（d）Todo

图 3-1-9　相似图标

图 3-1-10　Photoshop CC 2018 的部分图标

（3）统一性原则。

1）风格统一。一套设计非常协调统一的图标不仅看上去美观，还要增强用户的满意度，通常设计风格统一的图标可以从以下 3 点考虑。

①图形造型上的统一。例如，选择线性图标、面性图标还是线面结合的图标。

②图标色调的统一。

③图标细节元素要统一。例如，选择曲线、倒圆角还是直线、折角。

2）视觉大小统一。这里大小统一指的是视觉上大小统一。如图 3-1-11 所示，同样都是 44px×44px 尺寸的形状，方形就会比圆形看着大一些，虽然我们统一了物理尺寸，但是在视觉大小上没有进行统一。在进行图标设计的时候，可以使用栅格线（图 3-1-12）和图标网格（图 3-1-13），来帮助我们更加严格谨慎。但在实际操作中一定不要被这些辅助线困住，能够灵活运用，保持视觉上的大小统一。

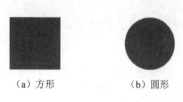

（a）方形　　　　　（b）圆形

图 3-1-11　同样是 44px×44px 尺寸的形状

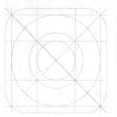 

图 3-1-12　栅格线

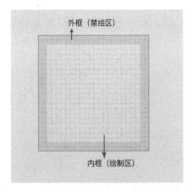
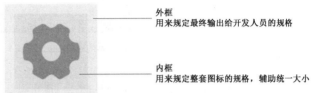

图 3-1-13 图标网格

3）规范统一。在进行移动端图标设计时，完成的图标最终要运行在移动端，因此在设计图标时要遵循移动端系统的设计规范，如尺寸、圆角大小等。下面将分别介绍 Android 图标设计规范和 iOS 图标设计规范。

①Android 图标设计规范。Android 系统是一个开放的系统，可以由开发者自行定义，所以屏幕尺寸规格比较多元化。为了简化设计并且兼容更多手机屏幕，Android 系统平台目前市场常用到的按照像素密度将手机屏幕划分为：中密度屏幕（MDPI）、高密度屏幕（HDPI）、X高密度屏幕（XHDPI）、XX 高密度屏幕（XXHDPI）、XXX 高密度屏幕（XXXHDPI）5 类。Android 系统不同像素密度的手机屏幕对应参数见表 3-1-1。

表 3-1-1 Android 系统不同像素密度的手机屏幕对应参数

手机屏幕分类	mdpi（160dpi）	hdpi（240dpi）	xhdpi（320dpi）	xxhdpi（480dpi）	xxxhdpi（640dpi）
应用图标大小	48px×48px	72px×72px	96px×96px	144px×144px	192px×192px
系统图标大小	24px×24px	36px×36px	48px×48px	72px×72px	196px×196px

在设计图标时，不同像素密度的屏幕对应的图标尺寸也各不相同，具体介绍如下：

应用图标：指用图形在设备主屏幕和主菜单窗口展示功能的一种应用方式，如图 3-1-14所示。用户通过点击，可以选择打开相应的应用程序。

图 3-1-14 应用图标

系统图标：指系统程序运行中在界面中出现的图标。图 3-1-15 中线框标示即为系统图标。

图 3-1-15　系统图标

小贴士：Android 系统并不提供统一的圆角切换功能，因此设计出的图片必须是带圆角的。

②iOS 图标设计规范。iOS 对于图标尺寸有着严格的规范要求，在不同分辨率的屏幕中，图标的显示尺寸也各不相同。表 3-1-2 列举了 iPhone 前三代到 iPhone 6 Plus 等一系列产品，以及它们各自对应的图标尺寸规范。

表 3-1-2　iPhone 图标尺寸参数

设备	App Store	程序应用	主屏幕	Spotlight 搜索	标签栏	工具栏和导航栏
iPhone 6 Plus (@3x)	1024px×1024px	180px×180px	114px×114px	87px×87px	75px×75px	66px×66px
iPhone 6 (@2x)	1024px×1024px	120px×120px	114px×114px	58px×58px	75px×75px	44px×44px
iPhone 5/5C/5S (@2x)	1024px×1024px	120px×120px	114px×114px	58px×58px	75px×75px	44px×44px
iPhone 4/4S (@2x)	1024px×1024px	120px×120px	114px×114px	58px×58px	75px×75px	44px×44px
iPhone & iPod Touch 第一代、第二代、第三代	1024px×1024px	120px×120px	57px×57px	29px×29px	38px×38px	30px×30px

表 3-1-2 列举了在不同类型的 iOS 设备中，各种图标的对应尺寸。对其中各种图标的详细解释如下：

App Store 图标：指应用商店的应用图标，一般与 App 图标保持致。图 3-1-16 为 App Store 应用商店的 App 图标。

需要注意的是，虽然 iOS 提供圆角自动切换功能，但是在 App Store 应用商店中的图标却需要设计圆角。

程序应用图标：指的是应用图标。在设计时，可以直接设计为方形，通过 iOS 切出圆角。图 3-1-17 为 iPhone 界面中的程序应用图标。值得一提的是，在设计图标时可以根据需要做出圆角供展示使用。

图 3-1-16　App Store 应用商店 App 图标

图 3-1-17　程序应用图标

主屏幕图标：Home 键上方那一条固定的部分是主屏幕图标。

Spotlight 搜索图标：当在 Spotlight 框中搜索关键字时，会快速地在已安装的各种应用、邮件、信息中搜索关于这两个关键字的信息，并迅速呈现出来。在搜索页面的左侧功能图标。

标签栏图标：指底部标签栏上的图标。

工具栏和导航栏图标：指分布在工具栏和导航栏上的功能图标。

要点 6：图标制作方法

在做图标的时候，由于后期要适配不同版本的系统界面，因此，图标最好使用矢量图形，在 Photoshop 软件中使用形状工具来完成。在使用形状工具制作时，如果能用基本图形进行布尔运算，就尽量不要使用钢笔，这样做的好处有如下 3 点：

（1）让图标更加规范。

（2）对图形结构理解更加深刻。

（3）后期更改形状更加方便。

要制作如图 3-1-18 所示的图标，如果使用钢笔直接去画，很难画得特别规范，而且后期调整也很麻烦，最正确的方法就是去思考它的结构。我们会发现，其实它是用一个圆形和三个矩形组合而成的，如图 3-1-19 所示。我们平时可以多去分析并练习一些好看的图标或者真实的物体，去理解其中的结构与制作方法，当积累的经验足够多时，就可以自如地去设计精美图标了。

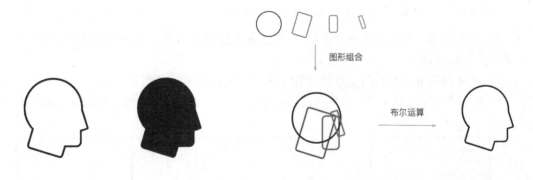

图 3-1-18　图标　　　　　　　　　　　　图 3-1-19　布尔运算制作图标

任务实现——微信图标的设计制作

通过实例制作，学习掌握图标底框设计制作和图标主视觉图形制作的方法。体验运用布尔运算、矢量工具绘制图标的方法。初步了解图标的制作步

微信图标的设计制作

骤，制作效果如图 3-1-20 所示。

图 3-1-20　效果图

具体的制作步骤如下：

（1）图标底框设计制作。

1）选择"文件"→"新建"命令，参数设置如图 3-1-21 所示。

2）选择"矩形工具"，设置描边为黑色 RGB(0,0,0)，粗细为 1 点，填充为无。绘制 144px ×144px 的正方形。选择"椭圆工具"，绘制直径为 144px 的圆形。选择"移动工具"，选中椭圆图层和矩形图层，执行"垂直居中对齐"和"水平居中对齐"命令，图像效果如图 3-1-22 所示。

3）使用"直接选择工具"选中圆形的 4 个锚点，效果如图 3-1-23 所示。

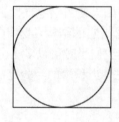
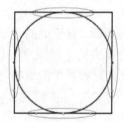

图 3-1-21　文件参数设置　　　图 3-1-22　对齐居中效果　　　图 3-1-23　选中锚点效果

4）在"视图"菜单中选中"标尺"，在画布中拖拽以建立过锚点手柄端点的 4 条参考线，效果如图 3-1-24 所示。

5）过 4 条参考线与圆的交点建立参考线，效果如图 3-1-25 所示。

6）使用"直接选择工具"水平移动锚点手柄端点至第二条参考线，效果如图 3-1-26 所示。

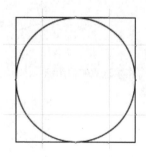
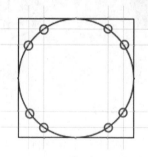
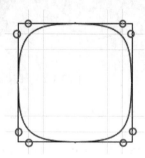

图 3-1-24　4 条参考线位置　　　图 3-1-25　8 条参考线位置　　　图 3-1-26　移动锚点手柄效果

7）设计不同造型的底框圆角效果。使用"直接选择工具"选中锚点手柄端点，水平向参考线外移动任意固定像素，如–5px、–3px、3px、5px、8px、20px 等，得到不同形状的圆角底框。移动 8px 的效果，如图 3-1-27 所示。

8）将其填充成绿色 RGB(0,180,41)，无描边。如图 3-1-28 所示。

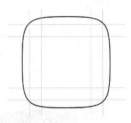

图 3-1-27　底框效果

图 3-1-28　填充颜色效果

（2）主视觉元素制作。

1）选择"椭圆工具"，绘制一个椭圆，填充颜色为白色 RGB(255,255,255)，无描边，如图 3-1-29 所示。

2）选择"圆角矩形工具"，绘制一个圆角矩形，设置圆角半径为 10px，填充颜色为白色 RGB(255,255,255)，无描边。选择"直接选择工具"，将圆角矩形右下方的锚点，向上移动到合适位置，然后调整圆角矩形各个锚点的位置，如图 3-1-30 所示。

3）删除圆角矩形右下方的锚点，将圆角矩形放置在合适位置，按 Ctrl+T 组合键调整圆角矩形的角度、位置、大小，选中椭圆和圆角矩形，运用布尔运算合并图形，即单击"图层"→"合并形状"统一形状，并将图层命名为"聊天框"，如图 3-1-31 所示。

图 3-1-29　椭圆　　　　　图 3-1-30　调整后效果　　　　　图 3-1-31　聊天框

4）按 Ctrl+J 组合键复制"聊天框"图层，按 Ctrl+T 组合键后右击，将复制的图形进行水平翻转，按住 Shift 键将其缩小到合适大小并将其放置在合适位置，并将图层命名为"小聊天框"，如图 3-1-32 所示。

5）按 Ctrl+J 组合键复制"小聊天框"图层，按 Shift+Alt 组合键等比放大图形，选中放大的图形和"聊天框"图层中的图形，使用布尔运算减去顶层形状，即单击"图层"→"合并形状"选择复制的"小聊天框"并选择"减去顶层形状"，如图 3-1-33 所示。

6）选择"椭圆工具"，绘制一个椭圆，填充颜色为绿色 RGB(0,180,41)，无描边。复制椭圆图形，将两个椭圆放置在"聊天框"图层中的图形的上方合适位置；复制两个椭圆调整椭圆的大小，将其放置在"小聊天框"图层中的图形的上方合适位置，如图 3-1-34 所示。

7）调整主视觉图形的大小，将主视觉图形放置在设计的底框中，效果如图 3-1-35 所示。

图 3-1-32　小聊天框

图 3-1-33　减去复制图层效果

图 3-1-34　主视觉图形

图 3-1-35　微信图标设计

任务检测

要点测试

1. 单选题

（1）图标设计原则中最重要的原则是（　　）。

　　A. 统一性原则　　　　　　　　　B. 可识别性原则

　　C. 差异性原则　　　　　　　　　D. 简洁性原则

（2）图标制作时，最好采用（　　）。

　　A. 矢量图　　　　　B. 位图　　　　　C. Web 图　　　　　D. 像素图

2. 多选题

（1）图标的功能是（　　）。

　　A. 传递信息　　　　B. 美化装饰　　　　C. 获取信息　　　　D. 扁平化

（2）从功能角度，图标的类型有（　　）。

　　A. 功能图标　　　　　　　　　　B. 启动图标

　　C. 系统主题图标　　　　　　　　D. 剪影图标

（3）一般图标由（　　）组成。

　　A. 颜色　　　　　　B. 底框　　　　　C. 主视觉　　　　　D. 文字

3. 判断题

（1）图标的风格中目前最流行的是扁平风格。　　　　　　　　　　　（　　）

（2）图标风格有拟物风格、轻拟物风格、线性风格、面性风格等。　　（　　）

（3）图标的设计流程一般为绘制草图方案、调研、软件制作。　　　　（　　）

（4）图片命名规则中图片名称分为头尾两部分，用下划线隔开，且禁止用中文名。

　　　　　　　　　　　　　　　　　　　　　　　　　　　　　　　　（　　）

拓展思考

1．当下图标的流行趋势是什么？
2．游戏图标设计的风格是什么？

任务小结

通过本任务学习，重点掌握以下内容。

（1）图标作用：吸引用户眼球，理解 App 功能，引导客户下载。

（2）图标组成：底框+主视觉。

（3）图标分类：线性图标、面性图标、线面结合图标、扁平风格图标、轻拟物图标、写实图标等。

（4）图标设计流程：定义主题、寻找隐喻、彻底调研、抽象图形、绘制草图、确定风格、制作和调整、场景测试。

（5）图标设计原则：可识别性原则、差异性原则、统一性原则。

（6）图标制作方法：使用矢量工具运用布尔运算完成。

图标是界面中的重要元素，建议大家多搜集不同类型图标，尝试不同风格图标的制作，通过练习，提高制作技能。

项目习题及答案

任务 2　线性图标设计制作

任务要点

要点 1：线性图标特点

线性图标是使用轻量的线条勾勒的图标，主要由直线、曲线、点在内等元素组合而成。线性图标整体感受是趋向于精致、细致而具有锐度感。它轻巧简练，具有一定的想象空间，且不会对界面产生太大的视觉干扰。不同的线条表现具有不同的视觉感受，细线轻量、直线硬朗、曲线柔美。选用的线形越细，识别度相对越低，但同时更容易给人以精致的感觉，越粗识别度越高。图标线条粗细如图 3-2-1 所示。1px 线形基本很少用，甚至不用，因为在屏幕下很细。2px 线形显示也很细，相对识别度低，但容易给人以精致、时尚的感觉。在一些时尚类 App 会考虑使用。3px 线形更多的会应用在一些工具性产品中，因为它更稳定，且不会过分加重视觉图标在整体界面中的比例。4px 线形相较于 2px、3px，更加厚重，容易给人年轻、潮流的感觉。但同时在整体界面中的视觉占比会比较重，因而在图标大小和留白的比例处理上需要斟酌才行。

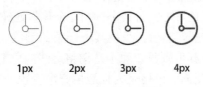

图 3-2-1　图标线条粗细

要点 2：线性图标类型

（1）基础线形。在大多数人印象中，线性图标是纯色闭合的图标，创作空间并不大，实际上它有非常多的调整空间，形成不同样式类型，如图 3-2-2 所示。

图 3-2-2　基础线形

（2）多种粗细风格。多种粗细风格的线性图标，是在图形内部选择线段或添加线段，将其修改描边值，与外轮廓形成粗细对比，如图 3-2-3 所示。

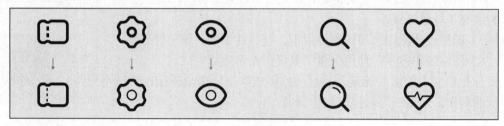

图 3-2-3　修改线段粗细

有时为了强化线条间的对比，通过降低内部线条的透明度或饱和度，来增加视觉观赏性，如图 3-2-4 所示。

（3）描边缺口风格。描边缺口风格是图标在线条交汇处进行小部分截断，形成一个小缺口，风格年轻活泼，如图 3-2-5 所示。在制作时需要注意的是：断点的间距统一；断点位置选择线条交汇处；不要在图形中线上断点；断点图标造型尽量使用布尔运算，否则截断后可能出现虚边。

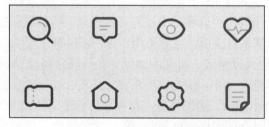

图 3-2-4　透明度饱和度效果

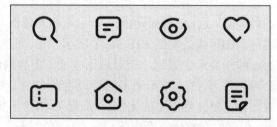

图 3-2-5　描边缺口风格图标

（4）多色描边风格。多色描边风格是更改图标其中一个线段的色彩。如果图标图形没有合适的线段来添加一个新的颜色，可以对其进行"复杂化"处理，适当增加一些线段出来。也可以将图标强行拆分成若干线段，然后再替换其中一条的颜色。例如，在优惠券图标中，我们可以将虚线左侧的描边修改成其他颜色，而不是调整虚线的色值，如图 3-2-6 所示。

（5）渐变描边风格。渐变描边风格是为描边填充渐变色。在渐变描边风格中，要遵守一个规则，就是要保证渐变的方向和强弱关系是一致的。例如，我们使用 45°倾斜的渐变角，并且左上颜色较深，那么所有的图标都应该遵守这个规律。在这个规则下，既可以使用相同的渐变色，也可以使用不同的渐变色，如图 3-2-7 所示。

<table>
<tr><td>图 3-2-6 拆分线段</td><td>图 3-2-7 渐变描边风格</td></tr>
</table>

（6）描边叠加风格。描边叠加风格主要的难点在于拼接的方式，因为有的图形看起来是一体成型的，需要我们额外为它创造出拼合结构。例如，在制作心形图标的过程中就需要将它拆分成两个部分。在拆分时，将图形圆角改成直角，这样在相交的过程中就能比较好地进行拼合，直角更适合叠加风格的设计，如图 3-2-8 所示。

图 3-2-8 描边叠加风格

在颜色填充时，可以使用渐变也可以使用纯色。但要为不同的图层添加透明度，才能制造出叠加的效果。在 Photoshop 中，除了采用普通透明度的方式，还可以通过调整图层混合模式来呈现出更好的叠加效果。如果使用了图层混合模式，就要把这个图形导出为 PNG 格式，再在实际的项目中使用，否则图标应用背景不是白色的情况下可能效果与预期不符。

要点 3：线性图标制作技法

（1）描边方法选择。在 Photoshop 中有两种描边的方法，分别是图层样式描边和路径描边。在制作图标时，路径描边在处理形状时更为开放和灵活，因此采用路径描边绘制线性图标是最佳选择。

（2）线性对齐方式。路径描边时，描边对齐方式有 3 种，分别是内部对齐、居中对齐、外部对齐。3 种描边方式绘制的垃圾桶图标，如图 3-2-9 所示。由于居中和外部会改变图标的大小和造型，因此为减少对齐方式对图标造成的影响，在制作时选择内部对齐方式。

图 3-2-9 3 种描边方式

（3）线宽一致。在制作系列图标时，要保证图标的描边粗细一致，会给人一种同系列的视觉感受。线性图标风格要统一，如果描边粗细不同，甚至有的面性有的线性，就会很不和谐，没有整体感。

（4）避免虚化。移动端应用程序中的图标通常都很小，如 iPhone 6 中应用导航栏和工具栏图标只有 44px×44px，标签栏图标也只有 50px×50px。这给图标绘制增加了难度，如制作的图标放大后发现轮廓发虚。因此，制作时注意直角造型尽量使用 45°，如图 3-2-10 所示。另外，在绘制时，应勾选软件首选项工具中"将矢量工具与变化和像素网格对齐"选项。

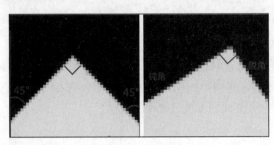

图 3-2-10　角度对比

任务实现——天气图标的绘制

通过实例制作，学习掌握线性图标的制作方法及工具的使用。体验图标元素间的组合变化，拓展思路，为后续制作不同风格的图标做好准备。线性图标效果如图 3-2-11 所示。

天气图标的绘制

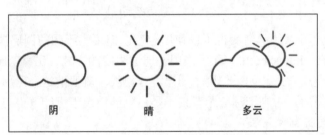

图 3-2-11　线性图标效果

具体的制作步骤如下：

（1）选择"文件"→"新建"命令，新建一个 800px×600px、分辨率 72ppi 的画布，背景色为白色，命名为"天气图标"，参数设置如图 3-2-12 所示。

小贴士：

1）绘图软件只是工具，绘制方法有很多，熟练掌握其中一种即可，线性图标制作中使用 Adobe Illustrator 软件进行绘制更简单，这里介绍的是使用 Photoshop 进行绘制的方法。

2）图标规范在后边综合实践中详细介绍，这里主要介绍图标的表现手法和制作方法。

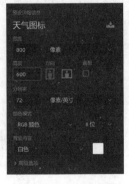

图 3-2-12　新建参数

（2）选择"椭圆工具"，在画布中创建一个圆形，尺寸 96px×96px，无填充色，描边颜色为红色 RGB(180,30,36)，宽度为 4px，如图 3-2-13 所示。

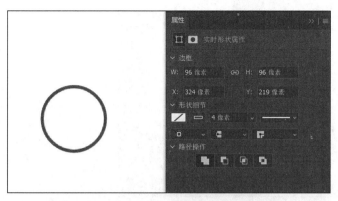

图 3-2-13　圆形

（3）复制两次"椭圆 1"图层，得到"椭圆 1 副本""椭圆 1 副本 2"两个图层，调整复制的两个圆形的大小和位置，按住 Ctrl+T 组合键调整圆形大小，按 Shift 键等比例缩放圆形，效果如图 3-2-14 所示。

（4）选中 3 个椭圆图层右击，选择"合并形状"命令，得到云朵造型，图层命名为阴天图标，效果如图 3-2-15 所示。

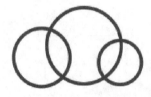

图 3-2-14　圆形调整效果

图 3-2-15　阴天图标

（5）复制阴天图标图层，选择"矩形工具"，绘制矩形，选中矩形图层与云朵图层右击，选择"合并形状"命令，选择"直接选择工具"并选中矩形，修改路径操作为"减去顶层形状"，得到云朵 2 造型，如图 3-2-16 所示。

图 3-2-16　减去矩形后形状

（6）选择"椭圆工具"，绘制一个圆形，尺寸 74px×74px，无填充色，描边颜色为红色 RGB(180,30,36)，宽度为 4px，如图 3-2-17 所示。

（7）选择"圆角矩形工具"，创建一个圆角矩形，尺寸 4px×28px，圆角半径为 2px，填充颜色为红色 RGB(180,30,36)，无描边，复制圆角矩形并旋转，得到太阳造型，按 Ctrl+G 组合键，命名为晴天图标，效果如图 3-2-18 所示。

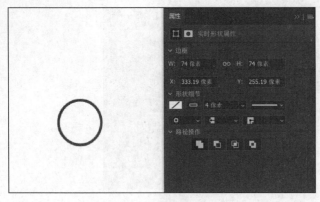

图 3-2-17　圆形尺寸 　　　　　　　　　图 3-2-18　晴天图标

小贴士：旋转复制。

操作前先复制圆角矩形图层，按 Ctrl+T 组合键打开旋转命令，按住 Alt 键同时单击拖拽旋转中心点到圆形的中心，输入旋转角度 30°，完成应用。按住 Ctrl+Shift+Alt+T 组合键，重复之前的操作，完成旋转复制圆角矩形。

（8）复制晴天图标，选择"添加锚点工具"，在复制的晴天图标圆形路径上相应的位置添加两个锚点，选择"直接选择工具"，选中左下角锚点，直接按 Delete 键删除锚点，如图 3-2-19 所示。

图 3-2-19　删除锚点

（9）将云朵 2 造型与删除锚点后晴天图标组合，移动调整位置和大小，删除多余圆角矩形，得到多云图标，效果如图 3-2-20 所示。

图 3-2-20　多云图标

任务拓展

（1）收集线性图标，制作素材库。

（2）临摹 5 个线型图标，参考效果如图 3-2-21 所示。

图 3-2-21　线性图标临摹

（3）设计制作 5 个线性天气图标。

任务小结

通过本任务学习，重点掌握以下内容。

（1）线性图标特点：精致、细致而具有锐度感。

（2）线性图标类型：基础线形、多种粗细风格、描边缺口风格、多色描边风格、渐变描边风格、描边叠加风格。

（3）线性图标制作技法：采用路径描边绘制，描边对齐方式采用内部对齐，线宽要一致，尽量采用 45°，避免线条虚化。

线性图标是界面中常见的图标类型，建议大家通过学习，尝试不同风格线性图标的制作，如描边缺口风格、多种粗细风格等，不断练习，提高制作技能。

任务 3　面性图标设计制作

任务要点

要点 1：面性图标特点与应用

面性图标的视觉表现力强，在页面当中是视觉担当，能有效地强调页面的视觉重心，能更好地突出业务重心，因此，面性图标常常用在首页作为主要流量分发，如图 3-3-1 所示。

图 3-3-1　面性图标

列表流不建议用面性图标，原因是形式与功能之间的关系，面性图标的特点是视觉表现力强，相对其他类型的图标不具备高效的识别性，对于功能分类的页面，没有起到一个很好的高度概括性与高效引导的作用，如图 3-3-2 所示。

图 3-3-2 列表流面性图标

面性图标更容易营造氛围，很多产品在节日或活动中，常常通过改变面性图标来营造气氛。面性图标不建议在平常状态下运用，一般也不在页面中大量出现。因为图标的意义还是要具有功能的外在表现，要具有功能的识别性。

要点 2：面性图标类型

面性图标是使用对内容区域进行色彩填充的图标样式。在这类图标中，不是只能应用纯色的方式进行填充，还有非常多的视觉表现类型，如基本面性、扁平插画、渐变色彩、透明叠加，如图 3-3-3 所示。

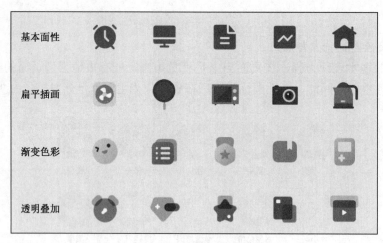

图 3-3-3 面性图标类型

要点 3：面性图标绘制方法

（1）基本面性。面性图标在操作中和线性图标的最大差别就在于描边和填充模式。可以使用线性图标制作，只需将所有线性风格演示中的描边替换成填充，再使用对应的路径查找器功能进行布尔运算即可。

需要注意的是，我们可能会习惯于使用线条工具绘制 1pt 宽的直线，这是错误的做法。应该使用圆角矩形工具画出一个完整的闭合图形，再对图形进行复制进行批量化处理，这样才能保证统一，如图 3-3-4 所示。

图 3-3-4　线条绘制

（2）扁平插画。扁平插画实际上是一个自由度非常高的图标风格，可以设计出很多有趣又极具创意的插画式图标。最基础的扁平插画，就是在面性图标的基础上，将图形拆分成不同面的组合，然后分别为这些面填充纯色即可，如图 3-3-5 所示。

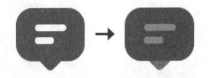

图 3-3-5　图形拆分填充颜色

（3）彩色渐变。在面性图标的彩色渐变中，有多种更细致的设计类型，如整个图标采用同一渐变，或者图标中不同的面采取不同的渐变方式。

整个图标使用同一渐变色的做法，和线性图标的渐变方法几乎一样，只要在开始填充渐变前将所有图层进行合并即可。

接下来我们介绍一个比较特殊的基础渐变风格——不同透明度渐变。

例如，我们把心形图标划分成了两个不同的面的组合，然后都使用了红色的渐变色，一强一弱。通常，我们只要先设定出较强的渐变，然后再复制这个渐变色到另一个面中，降低它的透明度即可，如图 3-3-6 所示。

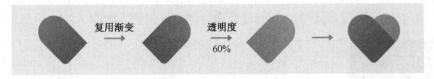

图 3-3-6　不同透明度渐变风

在使用了透明度的图形中，要注意的是为了保证在实际使用中不让图形背面的元素影响到图标色彩本身，我们要将这些图形复制一层填充成白色并置于底部。

（4）透明叠加。透明叠加和线性图标中的叠加设计方式一样，需要将图形拆分成若干面，才能创造出重叠的区域。在制作中，图标尽可能使用纯色，会比使用渐变的效果更好，原因在于对重叠区域色彩的控制上。一般会认为叠加的区域只要控制透明度就可以了，但这种效果通常不是很理想，相交部分的色彩会朦胧，缺少通透的舒适性。通常，相交区域制作成相交图形，有轮廓后，再为相交的区域单独选择配色。透明叠加制作对比如图 3-3-7 所示。

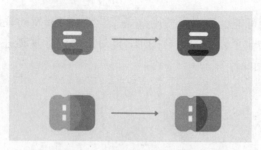

图 3-3-7　透明叠加制作对比

任务实现——相机图标的绘制

本任务通过制作相机图标，介绍相机图标制作方法，即扁平插画和渐变色彩图标制作过程，相机图标效果如图 3-3-8 所示。

相机图标的绘制

图 3-3-8　相机图标效果

具体的制作步骤如下：

（1）扁平插画图标。

1）选择"文件"→"新建"命令，新建一个 800px×600px、分辨率 72ppi 的画布，背景色为白色，命名为"相机图标"，选择"圆角矩形工具"，在画布中创建一个圆角矩形，尺寸为 128px×80px，圆角半径为 20px，填充色为蓝色 RGB(90,164,225)，无描边，如图 3-3-9 所示。

2）选择"圆角矩形工具"，在画布中创建一个圆角矩形，尺寸为 70px×30px，圆角半径为 6px，填充颜色为浅蓝色 RGB(129,182,225)，无描边，选择"直接选择工具"，选中圆角矩形左下角的两个锚点，按键盘上的方向键向左移动 4 次。同样，其右下角的两个锚点向右移动 4 次，再将圆角梯形图层移动到圆角矩形的后面，调整好位置，如图 3-3-10 所示。

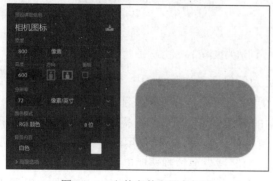

图 3-3-9　文件参数和圆角矩形

图 3-3-10　圆角梯形的绘制

3）选择"圆角矩形工具"，在画布中创建一个圆角矩形，尺寸为 40px×8px，圆角半径为

3px，填充颜色为蓝色 RGB(129,182,225)，无描边，绘制的视窗效果如图 3-3-11 所示。

4）选择"椭圆工具"，在画布中创建一个椭圆，尺寸为 66px×66px，填充颜色为深蓝色 RGB(10,80,138)，无描边，镜头外框效果如图 3-3-12 所示。

5）选择"椭圆工具"，在画布中创建一个椭圆，尺寸为 46px×46px，填充颜色为灰色 RGB(216,216,216)，无描边，继续使用"椭圆工具"创建圆形，尺寸为 20px×20px，填充颜色为白色 RGB(255,255,255)，无描边。再次创建圆形，尺寸为 10px×10px，填充颜色为白色 RGB(255,255,255)，无描边。绘制完成的扁平插画图标效果图如图 3-3-13 所示。

图 3-3-11　视窗效果

图 3-3-12　镜头外框效果

图 3-3-13　扁平插画风图标效果

（2）彩色渐变图标。

1）选择以上扁平插画图标的所有图层，按 Ctrl+G 组合键，将图层群组，命名为"扁平插画图标"，选中"扁平插画图标"组，右击出现菜单框，选择"复制组"命令。将复制组命名为"彩色渐变图标"。

2）选择"彩色渐变图标"组的视窗中的两个圆角矩形，右击选择"合并形状"命令，使用"路径选择"工具，选中视窗造型，将路径操作修改为"减去顶层形状"。视窗造型如图 3-3-14 所示。

3）选择视窗造型图层，添加图层样式中的渐变叠加样式，设置渐变颜色为蓝紫色 RGB(91,85,203)到紫粉色 RGB(148,57,182)的渐变，视窗效果如图 3-3-15 所示。

图 3-3-14　视窗造型

图 3-3-15　视窗效果

4）如图 3-3-16 所示，同时选择图层中❶、❷、❸三个图形的所在图层，右击选择"合并形状"命令，使用"路径选择"工具，分别选中❷、❸圆形，将路径操作修改为"减去顶层形状"，同理，将❹、❺图形合并形状，并剪去❺图形，效果如图 3-3-17 所示。

5）选择相机下部造型图层，分别添加图层样式中的渐变叠加样式，设置渐变颜色为紫红色 RGB(210,46,141)到橙黄色 RGB(253,168,62)的渐变。调整视窗造型大小，最终效果如图 3-3-18 所示。

图 3-3-16　图形部位　　　　图 3-3-17　减去顶层形状后效果　　　图 3-3-18　彩色渐变图标效果

任务拓展

（1）收集面性图标，制作素材库。

（2）临摹 5 个面性图标，参考效果如图 3-3-19 所示。

图 3-3-19　面性图标临摹

（3）设计绘制 5 个线面结合图标。

任务小结

通过本任务学习，重点掌握以下内容。

（1）面性图标特点：视觉表现力强，相较其他类型图标不具备高效的识别性。

（2）面性图标类型：基本面性、扁平插画、渐变色彩、透明叠加。

（3）面性图标绘制注意事项：直线绘制采用圆角矩形或矩形来表现；在制作渐变色彩、透明叠加类型时注意图形的分割，透明叠加需要新建重叠区域的图形进行填色；渐变色彩透明叠加时需要在底部制作白色图形。

面性图标相对于线性图标设计而言，面性工具图标的设计简单许多，在设计风格上也有非常多的延展性和可能性，但它依旧是"工具图标"，识别性是优先于视觉风格的，因此，不能过度强调视觉性而做成装饰性图标。

任务 4　线面结合图标设计制作

任务要点

要点 1：线面结合图标特点

线面结合图标结合了线性图标和面性图标的优点，既保持了面性的重量感，同时具有线性的精致、细腻。因此在设计时可以根据图标具体想要表达的感觉对线面比例进行把控，不同比例可以呈现出不同的视觉感知。线面混合图标由于视觉层级更加丰富，因此显得更加活泼。

线面结合图标既可以引导界面信息,又可以打造视觉调性。

要点 2:线面结合图标类型

线面结合图标常见的 4 个类型有:线面结合基本图标、线面色彩混合图标、色块偏移图标、暗部表现图标,如图 3-4-1 所示。

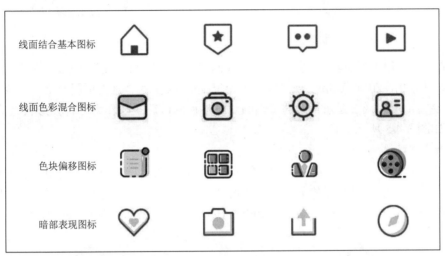

图 3-4-1　线面结合图标类型

任务实现——首页图标的绘制

本任务通过制作 App 界面首页图标,掌握线面结合基本图标、线面色彩混合图标、色块偏移图标和暗部表现图标的制作方法,效果如图 3-4-2 所示。

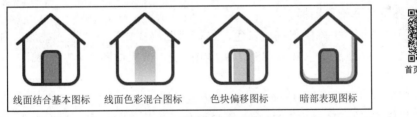

图 3-4-2　首页图标四种类型效果

具体的制作步骤如下:

(1)线面结合基本图标。

1)选择"文件"→"新建"命令,新建一个 800px×600px、分辨率 72ppi、颜色模式 RGB 的画布,背景色为白色,命名为"首页图标",选择"圆角矩形工具",在画布中创建一个圆角矩形,尺寸为 100px×100px,圆角半径为 20px,描边色为 90% 灰色 RGB(49,49,49),粗细为 5px,无填充色。选择"直接选择工具",选中圆角矩形上边圆角和直线选段的锚点,按 Delete 键删除,房屋形状效果如图 3-4-3 所示。

2)选择"圆角矩形工具",绘制一个 80px×5px、圆角为 10px 的圆角矩形,按 Ctrl+T 组合键,旋转图形 50°。复制圆角矩形,并选择"编辑"→"变换路径"→"垂直翻转"命令,调整两个圆角矩形的位置,房顶形状效果如图 3-4-4 所示。

图 3-4-3　房屋形状效果　　　　　　　图 3-4-4　房顶形状效果

3）选择"圆角矩形工具"，绘制尺寸为 36px×70px，圆角半径为 10px，描边色为 90%灰色 RGB(49,49,49)，粗细为 5px，无填充色。修改路径操作为"减去顶层形状"命令，在圆角矩形下端绘制矩形，减去圆角矩形的下端圆角，然后修改路径操作为"合并形状组件"命令，门的效果如图 3-4-5 所示。

小贴士：钢笔绘制方法。

选择"直接选择工具"，选中圆角矩形下边圆角和直线选段的锚点，按 Delete 键删除。使用"钢笔工具"连接图形底部的锚点，并使用"转换点工具"转换为直线，形成封闭图形。

4）选择门的形状填充 50%灰色 RGB(160,160,160)，效果如图 3-4-6 所示。

图 3-4-5　封闭图形效果　　　　　　　图 3-4-6　线面结合基本图标

（2）线面色彩混合图标。

选择门的形状，去除图形描边颜色，选择"图层样式"→"渐变叠加"命令，填充由橙黄色 RGB(255,196,0)到黄色 RGB(255,249,149)渐变，效果如图 3-4-7 所示。

（3）色块偏移图标。

复制门形状图层，将其中一个形状，描边色设置为 90%灰色 RGB(49,49,49)，无填充颜色，另一个形状填充黄色 RGB(255,241,0)，无描边色。调整移动位置，效果如图 3-4-8 所示。

（4）暗部表现图标。

隐藏黄颜色门形状，选择描边门形状，设置填充色为 50%灰色 RGB(160,160,160)。复制房屋形状，选择"直接选择工具"，删除左边竖线锚点，调整剩余锚点位置，设置描边颜色为 30%灰色 RGB(201,201,201)，调整图层顺序，暗部表现图标如图 3-4-9 所示。

图 3-4-7　线面色彩混合图标　　　图 3-4-8　色块偏移图标　　　图 3-4-9　暗部表现图标

任务拓展

（1）收集线面结合 4 种表现手法的图标，制作素材库。

（2）临摹不同表现手法的图标 5 个，参考效果如图 3-4-10 所示。

图 3-4-10　线面结合图标临摹

（3）设计绘制 5 个线面结合图标。

（4）思考：线面结合图标设计制作要点有哪些？

任务小结

通过本任务的学习，掌握线面结合图标的类型，即线面结合基本图标、线面色彩混合图标、色块偏移图标和暗部表现图标，以及 4 种类型的制作方法。线面结合图标的制作方法和线性图标、面性图标制作方法是一样的，线性和面性图标的设计制作规范在线面结合图标中同样适用。因此，本任务着重掌握通过线和面的变化制作出生动、美观、寓意清楚的线面结合图标。

温馨提示：许多新手在刚接触界面设计时认为很简单，尤其面对线性、面性图标制作时，但是学到后面会发现，看似简单的东西操作起来却复杂，把握好细节，保持图标风格统一，是很多设计者没有办法做好的一件事。细节见功力，保持对自己的严格要求，不断提高技能，才能越走越远。

任务 5　扁平化图标——折纸图标设计制作

任务要点

要点 1：折纸材质特征

说到折纸，相信很多人都见过，手工千纸鹤如图 3-5-1 所示，2.5 维折纸贴画如图 3-5-2 所示。随着图像处理技术越来越发达，我们能够使用计算机绘制过去那些能够勾起回忆的场景和事物。这样设计的好处在于能够拉近观者的距离，亲切感和熟悉感，如一款深入人心的高德地图 UI 图标设计（图 3-5-3），以及其他地图类图标设计（图 3-5-4）。"折"隐含着一种私密性信息象征意义。

图 3-5-1　手工千纸鹤　　　　　　图 3-5-2　2.5 维折纸贴画

图 3-5-3   高德地图 UI 图标

图 3-5-4   其他地图类图标

生活中常见的带有折纸效果产品有纸扇、手风琴等，如图 3-5-5、图 3-5-6 所示。甚至在新时尚生活用品、服装、建筑等领域，这种风格也在不断演绎出新几何造型，给人带来视觉新惊喜。如图 3-5-7 所示，出生于 1930 年的意大利设计师 Roberto Capucci 的服装设计作品就采用折纸风格。

图 3-5-5   纸扇

图 3-5-6   手风琴

一个现代风格的折纸菠萝亭出现在英国伯林顿大厅花园的中心，如图 3-5-8 所示。该建筑由莫里森工作室创建，旨在吸引更多游客，举办户外活动，并发起 18 世纪花园修复的筹款活动。当地艺术家希瑟·皮克（Heather Peak）和伊万·莫里森（Ivan Morison）利用折纸技术进行设计，然后与建筑工程师阿图拉（Artura）合作，建造了 8m 宽、8m 高的自然展馆。展馆的粉红色与周围的绿色环境形成鲜明对比。

图 3-5-7   折纸风服装设计作品

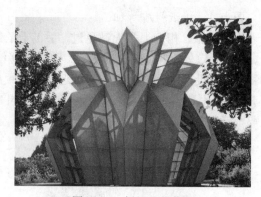

图 3-5-8   折纸风菠萝亭

折纸风最主要特点体现在"折"这个字上，扁平化风格看久了易觉平淡，产生冷漠感，易有同质化倾向。所以，折纸风其实就是这种风格体系下的一个新的尝试。相对于拟物化厚重的设计，折纸风显得很轻盈。折纸风的最大特点是折叠、投影、结构。其优点是层次丰富、结构明显，易于创造空间立体感，几何感明显，复杂和简洁结合，挑战了扁平化的立体性。

图 3-5-9、图 3-5-10 的图标都是由一个基本桃心造型衍生出的，运用了不同折叠方式的效果。关键在于"结构线"直曲不同处理。

图 3-5-9　桃心折纸（结构 1）

图 3-5-10　桃心折纸（结构 2）

在轻质折纸手机桌面图标的软件表现中，高光（折痕线）和投影是两个必要的表现元素。图标制作时，主要是由折纸形基本轮廓图标到折叠图标，或者再次打开折纸图标的示意过程，如图 3-5-11 所示。

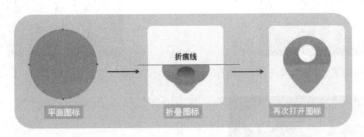

图 3-5-11　轻质折纸手机桌面图标的主要制作步骤

小贴士：折纸风 UI 图标分类。

根据二维空间物理折叠的角度、连续方向性及复杂程度的造型结构特点，折纸风 UI 图标分为两大类：一次折叠式和多向性反复折叠式。

一次折叠式又可以分为单向性一次"轻折痕"折叠式（图 3-5-12、图 3-5-13）、多向性一次"重折痕"折叠式（图 3-5-14）、"曲线"折叠式（图 3-5-15）等。

多次折叠式有多层多色折叠式（图 3-5-16）、半透明层叠式（图 3-5-17），以及综合了"多向性"特点的多向性多次折叠式（图 3-5-18）、多向性反复折叠式（图 3-5-19）等。

图 3-5-12　单向性一次折叠式（闹钟）

图 3-5-13　单向性一次折叠式（心形）

图 3-5-14　多向性一次"重折痕"折叠式　　图 3-5-15　"曲线"折叠式（"计算" UI 图标）

图 3-5-16　多层多色折叠式（主题 UI 图标）　　图 3-5-17　半透明层叠式（手机桌面图标）

图 3-5-18　多向性多次折叠式（天气 UI 图标）　　图 3-5-19　多向性反复折叠式（安全 UI 图标）

要点 2：轻投影——透明度值低

当使用 Photoshop 制作"投影"效果时，最典型方式是添加图层样式（渐变叠加）、调节不透明度和角度参数值。长投影效果变化主要取决于"距离"参数。相对上一个任务，这里"折纸风"又称为"轻投影式"，"轻"意味着投影图层样式"透明度"值小，如图 3-5-20 所示。

小贴士：折纸投影参数受光源影响。

光的种类：平光、侧光、顶光、底光、逆光。不同的光源角度，折纸投影效果也会不同。需要大家在生活中观察和积累。

图 3-5-20 扁平化的投影体系变化图

小贴士：三大面五大调。

折纸图标在造型上就是由高光（折痕线）、受光（折痕面）、投影、反光组成。

图 3-5-21 是几种 UI 图标长投影、折纸和写实风的风格对比。

图 3-5-21 UI 图标长投影、折纸和写实风的风格对比

要点 3：折痕线——纯白到透明渐变

轻折痕的折痕线，也就是折纸的"高光"，处理是一个难点，典型的方式是图层样式使用"渐变叠加"和"投影"效果。把要折叠的图形沿着"折痕线"分别处理。要点是把受光面一侧，一定要有"距离"数值很小（轻投影）纯白到透明渐变。再根据造型变化进行距离、角度、不透明度等参数数值调节，如图 3-5-22、图 3-5-23、图 3-5-24 所示。

图 3-5-22 短信 UI 图标最终效果图

图 3-5-23 图标折痕线"高光"制作 1

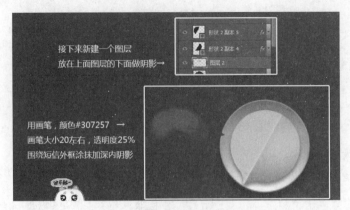

图 3-5-24   图标折痕线"高光"制作 2

要点 4：折回面形状——图形切割

光影很简单，难点是半透明叠加样式的制作。这里指带弧线"折回面形状"一定符合折纸现实中的透视关系。另外，根据形状走向的变化，颜色渐变也比较难把握。图 3-5-25 的红框部分用了"投影"和"渐变叠加"效果。

图 3-5-25   "投影"和"渐变叠加"效果

这里"图形切割"指的就是采用图标标准作图法，多个圆形/矩形相交相切。不要使用钢笔路径工具制作弧线直接作图。

任务实现——地图图标制作

本实例是移动端界面地图图标的折纸效果制作，最终效果如图 3-5-26 所示。主要通过 Photoshop 来完成轻折纸效果图标的制作，了解制作关键步骤和技巧，掌握软件制作折纸的方法。

地图图标制作

图 3-5-26   折纸图标最终效果图

本实例所有图标尺寸为 1024px×1024px。具体的制作步骤如下：

（1）打开参考线，先把垂直居中参考线标注出来，画一个青绿色正圆形。使用椭圆工具按住 Shift 键，绘制正圆，色值 RGB(151,244,0)，如图 3-5-27 所示。

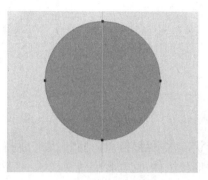

图 3-5-27　绿色正圆形

（2）使用直接选择工具，选择住图中红圈的锚点，垂直下移一定的像素，如图 3-5-28、图 3-5-29 所示。

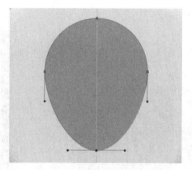

图 3-5-28　绿色正圆形路径（直接选择工具）　　　　图 3-5-29　垂直移动锚点位置

（3）还是用直接选择工具，选择住这个锚点，我们会发现，出现了调节曲线片段的杠杆节点，水平向左移动一定像素，如图 3-5-30、图 3-5-31 所示，形成椭圆形。

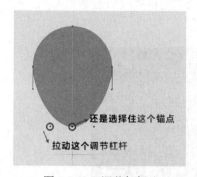
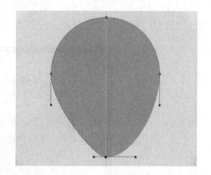

图 3-5-30　调节杠杆 1　　　　　　　　　　图 3-5-31　调节杠杆 2

（4）用形状工具画一个矩形，对齐垂直居中的参考线，减去一半，如图 3-5-32 所示；选择住矩形的路径和圆形变形后的路径，合并形状组件，如图 3-5-33 所示。

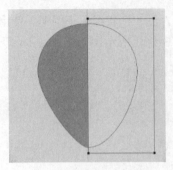

图 3-5-32　椭圆减一半

图 3-5-33　合并形状组件

（5）复制这个一半的形状，水平翻转，移动到右边，保持其切面与参考线贴合，选择住这两个一半的形状，再次合并形状组件，这样我们就得到了一个对称的形状图标了，如图 3-5-34 所示，地图图标基本形完成。

（6）左手按住 Ctrl 键选中地图图标层，使用矩形选框工具，再按住 Alt 键减去图形下半部，保留上半部。复制一层，添加图层样式（渐变叠加），中心到垂直向上、黑到透明渐变，黑色数值为 100，白色数值降到最低，数值为 0，纯透明，并调整图层不透明度为 10%，如图 3-5-35 所示。

图 3-5-34　地图图标基本形

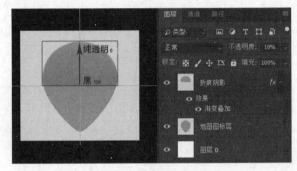

图 3-5-35　上半部渐变制作示意

（7）再添加底图为圆角矩形。新建图层，使用椭圆工具按住 Shift 键，绘制上半部的小正圆。做个图层样式（内投影），不透明度为 25%，添加图层样式（渐变叠加），数值为默认值。轻质折纸地图 UI 图标基本制作完成，如图 3-5-36 所示。

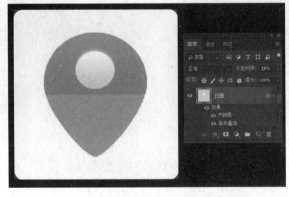

图 3-5-36　轻质折纸地图 UI 图标效果图

任务拓展

临摹 4 个透明轻折纸风格手机桌面图标及 1 个透明荧光折纸风手机桌面图标，参考效果如图 3-5-37、图 3-5-38 所示。

图 3-5-37　透明轻折纸风格手机桌面图标　　　图 3-5-38　透明荧光折纸风手机桌面图标

小提示：

第一组图标：Photoshop 中颜色白到透明渐变，渐变背景色。

第二个图标：采用色彩透叠设计手法，可用 Photoshop 图层样式中颜色模式（如滤色）或不透明度调节，或直接划分区域填充色块。

任务小结

本任务主要介绍折纸图标的特征，需要表现的要素以及折纸图标软件制作技巧，重点掌握以下内容。

（1）折纸材质特征：结构特点、分类，难点在于设计轻质折纸图标内部折叠结构，结构线取舍问题。（难点）

（2）轻投影——透明度值低：注意合理调节不透明度和角度参数值。

（3）折痕线——纯白到透明渐变：注意受光面一侧距离、角度等参数设定等。

（4）折回面形状——图形切割：光影很简单，难点是半透明叠加样式的制作。图形中的透视关系及根据形状走向的变化，把握颜色渐变。

任务 6　轻拟物图标——轻质感图标设计制作

任务要点

要点 1：轻质感特征

生活中常见的轻质感物品主要有塑料、纸材、软纤维等物理及视觉触感都"轻""薄"的片状物，如氢气球、折纸、透明玻璃、带网眼纤维织物、丝袜、蔬菜水果细胞横截面、剪纸、物体投影、棉花等。生活中轻质感物品如图 3-6-1 所示。

轻质感图标特点：轻渐变、层次简单、轻投影。

轻质感图标优点：简洁、干净、明朗，有一定的精致感，有简单的层次，轻投影创造轻度立体感而又轻盈清新，内容相对丰富。从真实立体感里抽象分离出来。轻质感图标如图 3-6-2 所示。

图 3-6-1　生活中轻质感物品

图 3-6-2　轻质感图标

　　缺少拟物化设计的真实立体感，从而缺少华丽的视觉特效，却也因为放弃一切装饰元素，呈现给了用户一个最直接最简洁的画面，从而使用户更专注于内容本身。这里主要指以"面性""片状"表现为主轻质感图标。扁平化图标（单色轻质感图标）如图 3-6-3 所示，含底图轻质感单色图标如图 3-6-4 所示。不含底图轻质感多色图标如图 3-6-5 所示，一般不超过三种颜色。

图 3-6-3　扁平化图标（单色轻质感图标）

厨房好物　　发现新菜　　排行榜　　菜谱分类

图 3-6-4　含底图轻质感单色图标

图 3-6-5　不含底图轻质感多色图标

要点 2：轻质感的表现

图 3-6-6 为三维物体素描特征示意。在轻质感图标中，抽象轮廓形和轻投影是主要表现元素。其中，重点是抽象轮廓形表现，如何取舍提炼概括轮廓形是个难点，如同在写生中，看着参照物进行速写创作一般。图标制作时主要是由真实物体正面主视图图标，通过抽象以后，过渡到轻质感图标的简化，铅笔图标简化过程，如图 3-6-7 所示，时间图标简化过程如图 3-6-8 所示。

图 3-6-6　三维物体素描特征示意

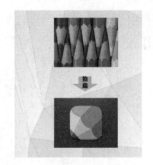

图 3-6-7　实物（轻质感图标）示意

图 3-6-8　轻质感图标的简化过程

高光与反光的处理，如果是玻璃或塑料材质，可以用钢笔工具绘制几何形并填充白色，再减淡复制几层，图标还有类似钟表里刻度、表针等细节的装饰性处理，如图 3-6-9 所示。

图 3-6-9　高光与反光、细节装饰等

扁平化风格的典型案例（时间图标细节过程），如图 3-6-10 所示。

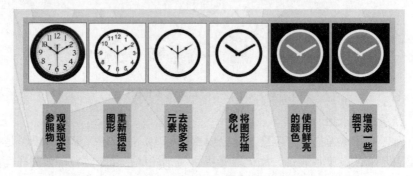

图 3-6-10　扁平化风格的典型案例（时间图标细节过程）

任务实现——时间图标制作

本实例是时间图标制作，轻质感图标最终效果如图 3-6-11 所示。主要通过 Photoshop 来完成，了解制作关键步骤和技巧，掌握软件制作轻质感材质的方法。

时间图标制作

图 3-6-11　轻质感图标最终效果

这里主要分为 3 个部分：底座、内圆、指针。其中，指针部分需要用图层样式来表现图标的层次感。

具体的制作步骤如下：

（1）新建 1500px×1500px 画布，命名为时钟，填充背景颜色为嫩绿色。色值 RGB(99,215,166)，如图 3-6-12 所示。

（2）使用圆角矩形绘制一个大小为 1024px×1024px、颜色为纯白色、圆角半径为 40px 的底座，如图 3-6-13 所示。

图 3-6-12　新建画布

图 3-6-13　圆角矩形

（3）制作一个环形。沿着十字辅助线中心点，按住 Shift 键，建立比圆角矩形略微小一点的大圆，按住图层拖拽到右下角复制一层，要做一个同心圆。从中心点缩小，缩放比例为原比例的 85%，注意一定要"按下"锁定中间同比例缩放按钮，形成圆环形状，填充 RGB 均为 255 纯白色，如图 3-6-14、图 3-6-15 所示。

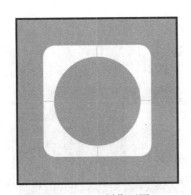

图 3-6-14　制作正圆

图 3-6-15　制作环形

（4）添加表盘外环表面光影效果，即调整圆环颜色。选中外大圆层绿色变白色，添加图层样式中的渐变叠加。调整渐变滑块，设置两个颜色过渡，如图 3-6-16 所示。

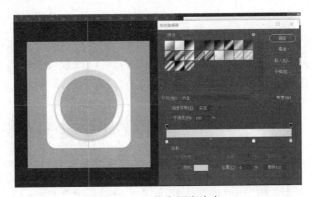

图 3-6-16　外大圆渐变色

（5）添加表盘光影效果。内圆层，图层样式中内投影。参数设置：角度为 90°，不透明度为 28%，距离为 25px，阻塞为 10%，如图 3-6-17 所示。

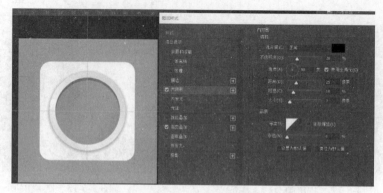

图 3-6-17　内圆内投影

（6）最后添加表针光影效果。圆角矩形，一个粗短一点，一个细长一点。如果觉得绿色有点生硬，可在图层样式中选择颜色叠加，双击灰色颜色块，叠加一个偏蓝光，不透明度为30%左右。最终效果如图 3-6-11 所示。

任务拓展

（1）临摹 3 个偏于塑料质感桌面图标。要注意到这三个案例底图形状都不同，底图制作不一定都是过于简单样式圆角矩形。最后一个图标提示一下标准作图法轨迹，如图 3-6-18 所示。

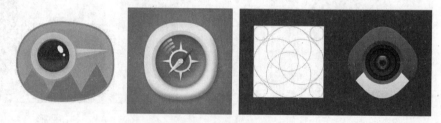

图 3-6-18　塑料质感手机桌面图标 3 款

（2）设计制作 3 个轻质感的桌面图标。

任务小结

本任务重点介绍轻质感图标的特征，需要表现的要素以及轻质感图标制作技巧。

（1）图形的几何化提炼，从实物到轻质感图标简化设计，以及标准化作图规范。（难点）

（2）Photoshop 软件的图层样式中渐变叠加、投影等参数调节实现轻投影。（重点）

任务 7　轻拟物图标——透明质感图标设计制作

任务要点

要点 1：透明材质特征

生活中常见的透明效果有水滴、玻璃、水晶、透明塑料、冰等，如图 3-7-1 所示。其中，水滴、玻璃的透明效果最为典型，也是常用在图标材质效果表现中。这些透明效果的共同特征是，可以透过材质看到背景，同时具有清晰的光影效果。

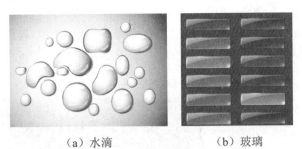

（a）水滴　　　　　　　　（b）玻璃

图 3-7-1　透明效果

小贴士：光的种类。

光的种类有平光、侧光、顶光、底光和逆光。不同的光源角度，透明效果也会不同。需要大家在生活中观察和积累。

要点 2：透明质感的表现

在轻质感图标的表现中，高光、反光和透光这 3 个表现要素是必要元素。图标制作时主要是由平面图标到立体图标，再到透明图标的过程，如图 3-7-2 所示。

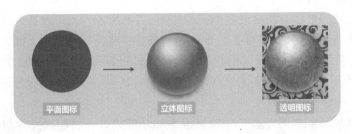

平面图标　　　　　　立体图标　　　　　　透明图标

图 3-7-2　透明图标制作过程

小贴士：三大面五大调。

三大面五大调是素描中的术语，是光影要点的基础，如图 3-7-3 所示。光分为三大面：受光（白）、背光（黑）、反光（灰）。一般来说透明图标制作时的上色方式就会按照这个变化规律来进行上色制作。五大调：高光、亮灰、明暗交界线、暗部、反光。是基于三大面细分而来的，在细节制作时一般会参考这五大调进行上色制作。

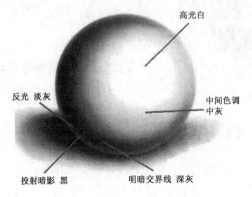

图 3-7-3　三大面五大调

要点 3："滤色"命令

图层模式中的"滤色"命令，如图 3-7-4 所示，简单来说，滤色的功能是为了让图片更亮，通常去掉图层中深色部分。例如，黑色通过滤色命令呈现出透明，灰色通过滤色则为半透明，白色通过滤色命令仍然为不透明的白色无变化，如图 3-7-5 所示。透明图标中的高透光效果则使用"滤色"命令来快速完成。

图 3-7-4 "滤色"命令

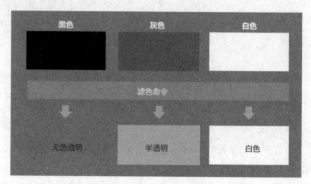

图 3-7-5 滤色功能

要点 4：高透光形状

在现实中，高光的形状与物品造型相关，如图 3-7-6 所示，汽车前挡风玻璃的高光呈现条状，车灯上方车壳高光呈现"之"字形，车体不同部位高光形状也不同。因此，在设计制作图标的高透光时，需要考虑到高透光的形状，其形状要跟随着图标形状扭曲，以体现图标的内部空间感。

要点 5：剪纸风格元素的融入

设计制作剪纸风格图标时，要先手绘进行图标功能设计，将剪纸元素与图标主视觉图形相结合，这里需要注意保持图标功能的识别性，完成图标造型的设计草图，将草图导入 Photoshop/Illustrator 中完成效果的制作，如图 3-7-7 所示。

图 3-7-6 汽车高光

图 3-7-7 剪纸风格透明图标设计制作过程

任务实现——设置图标制作

本实例是剪纸风格移动端界面设置图标的透明质感图标制作，效果如图 3-7-8 所示。主要通过 Photoshop 来完成，了解制作关键步骤和技巧，掌握软件制作透明材质的方法。

设置图标制作

图 3-7-8　透明质感图标效果

具体的制作步骤如下：

（1）选择"文件"→"新建"命令，参数设置如图 3-7-9 所示。选择"视图"→"标尺"调出标尺，绘制 4 条参考线，如图 3-7-10 所示。

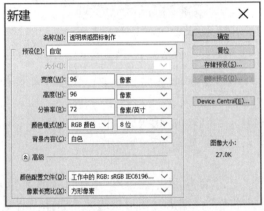

图 3-7-9　文件参数设置

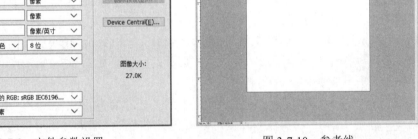

图 3-7-10　参考线

（2）选择"图像"→"画布大小"，设置画布参数为 120px×120px，如图 3-7-11 所示。

（3）选择"椭圆选区工具"按钮，绘制一个 96px×96px 的正圆选区，如图 3-7-12 所示。

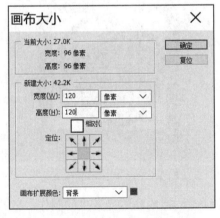

图 3-7-11　画布参数

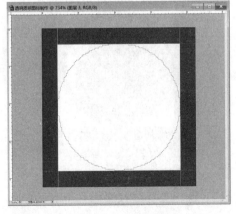

图 3-7-12　正圆选区

（4）填充径向渐变颜色。选择"渐变工具"，设置渐变颜色由亮红色 RGB(241,0,0)到深红色 RGB(70,0,0)，径向渐变。由左下到右上拖拽填充渐变颜色如图 3-7-13 所示。

小贴士：渐变颜色的填充来表现图标的暗面反光到亮面的基调。

（5）选择圆所在图层，设置描边颜色为暗红 RGB(60,0,0)，大小为 2px，位置内部，如图 3-7-14 所示。

图 3-7-13　渐变效果

图 3-7-14　描边效果

小贴士：描边使图标轮廓更加清晰立体，同时颜色为同色系暗色增加图标的暗面效果。描边设置为内部，保证图形造型大小不变。

（6）单击工具箱中"椭圆工具"按钮，绘制一个比 96px 稍小的正圆形，再选择"从形状区域减去"模式绘制一个圆形，完成月牙形状的制作，如图 3-7-15 所示。

小贴士：月牙形是图标的高透光形状。

（7）再次选择"椭圆工具"执行"路径操作"→"合并形状"命令。选择月牙形状图层，右击选择"栅格化图层"。按住 Ctrl 键，单击图层缩略图，调出月牙形状选区。选择"渐变工具"设置渐变颜色由黑色 RGB(0,0,0)到白色 RGB(255,255,255)再到黑色 RGB(0,0,0)，线性渐变。由右上到左下拖拽填充渐变颜色，如图 3-7-16 所示。

图 3-7-15　月牙形制作

图 3-7-16　月牙形颜色填充

（8）选中月牙形状图层，选择图层模式为"滤色"，完成高透光效果的制作，效果如图 3-7-17 所示。

小贴士：制作由透明渐变到不透明再到透明的方法有很多，使用"滤色"命令可以简洁、高效地达到理想效果。

（9）将设计稿导入软件中，使用"钢笔工具"选择"路径模式"绘制出扳手造型图案，如图 3-7-18 所示。

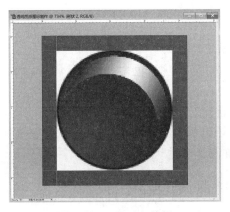

图 3-7-17 高透光效果

图 3-7-18 扳手造型

（10）将其放置在高透光图层的下方，修改颜色为白色，调整大小、角度、透明度，效果如图 3-7-19 所示。

图 3-7-19 最终效果

任务拓展

（1）临摹 3 个透明质感剪纸风格手机桌面图标，参考效果如图 3-7-20 所示。

（a）联系人

（b）浏览器

（c）书架

图 3-7-20 透明质感图标临摹

（2）设计制作 3 个透明质感剪纸风格手机桌面图标。

任务小结

通过本任务学习，重点掌握以下内容。

（1）透明质感的表现要素：高光、反光和透光。

（2）滤色命令制作透光效果。通过黑白渐变颜色，使用滤色命令将黑色滤去，形成由透明到白色的自然过渡。

（3）高光形状受到图标造型的影响，发生变化。

（4）剪纸风格图标设计制作流程：先手绘设计出草图，再导入 Photoshop 中临摹制作。剪纸风格图标设计制作会在后期手机主题界面制作中进一步介绍。

任务 8　写实图标——金属质感图标设计制作

任务要点

要点 1：金属材质特征

生活中常见的金属效果主要出现在使用物品中，如五金、手表、奢侈品、建材钢管以及军事武器等，如图 3-8-1、图 3-8-2 所示。金属物品可以作为单一品类材质组合，如钛金与玫瑰金组合，常常也会搭配其他如皮革、玻璃等组合。其中以硬质光滑的反射效果最为典型，也常用在图标材质效果表现中。这些金属效果的共同特征：具有光泽（即对可见光强烈反射）、镜面反射、反光、线性减淡。

图 3-8-1　金属手表　　　　　　　　　　　　图 3-8-2　金属子弹

小贴士：金属分类。

目前，已经发现的元素有 108 种，其中金属元素 90 种（包括硼、硅、砷 3 种半金属）。人们按照它们的性质、用途、分布及其储量等的不同，又将其分为 4 类，即普通有色金属、稀有金属、贵金属和半金属。

普通金属：普通金属分为重金属和轻金属。重金属包括铜、镍、钴、铅、锌、锡、铋、汞和镉等，密度皆大于 4.5g/cm^3。轻金属如铝、镁、钠、钙和钾等，它们的密度均小于 4.5g/cm^3。

稀有金属：稀有金属又分为 5 种，稀有轻金属，稀有放射性金属等。

贵金属：贵金属包括金、银和铂族金属（铂、钌、铑、钯、锇和铱）8 个元素。因价格比一般金属昂贵而得名。

半金属：半金属元素在元素周期表中处于金属向非金属过渡位置，通常包括硼、硅、砷、碲、硒、钋和砹，锗、锑也可归入。

要点2：光滑金属的质感表现

Mediaweek 是一款高端定制化娱乐为主题的 Mac 应用软件，客户端图标部分由 TG-vision 双晖传媒负责创意设计。客户端理念为贴近生活，从点点滴滴生活中发现快乐，从功能设置到界面都以模拟真实场景展现。因此，在图标的设计中采用了写实的风格，配合客户端突出整体的质感，如图 3-8-3 所示。

图 3-8-3　Mac 应用软件中金属质感 UI 图标

光泽（即对可见光强烈反射）在金属质感图标的表现中高光、反光这两个表现要素是必要元素。金属质感图标制作时主要有平面图标、立体图标、球体高反光图标三大类型，如图 3-8-4 所示。

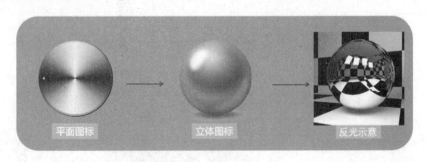

图 3-8-4　从平面到球体金属质感物体高光、反光示意

在使用 Photoshop 制作时，注意以下 2 个关键点。

（1）平面反光处理，图层样式→渐变叠加。使用 Photoshop 时，采用"双色"渐变模式，图层样式→渐变叠加，线性或径向（也称角度）渐变模式，无论是光滑平面还是球面，一定是以"双色"在渐变色条作为"关键帧"出现，循环重复或同一色调（0～15 色值），如表达深明暗交界线，反光色等变化，如图 3-8-5 所示。

（2）弧面反光处理，滤镜→动感模糊，结合绘图工具里的橡皮工具、涂抹工具，如图 3-8-6、图 3-8-7 所示。

图 3-8-5　渐变叠加（双色轮流设置）

图 3-8-6　立体图标

图 3-8-7　整体图标最终效果

下面展示图 3-8-7 图标底盘的基本制作过程。绘制上图的高光及反射的暗处，过程如图 3-8-8 所示。绘制好后，将暗处部分复制一份，应用垂直方向的动感模糊（滤镜→模糊→动感模糊），总体效果如图 3-8-9 所示。

图 3-8-8　钢笔绘制高光及反射的暗处

图 3-8-9　模糊特效处理

绘制环形的反射暗处和亮处，具体方法是用圆形形状工具绘制圆形，之后用更小一些的圆形选区删除中间部分。得到类似环的形状；一些地方要配合使用模糊和橡皮工具，将不用的地方擦去。

另一块黑色的暗处使用钢笔工具勾勒出来填充黑色，如图 3-8-10 所示。

● 绘制环形的反射暗处和亮处
具体方法是用圆形状工具绘制圆形，之后
用更小一些的圆形选区删除中间部分得到类
似环的形状；一些地方要配合使用模糊工具
和橡皮，将不用的地方擦去。
● 另一块黑色的暗处使用钢笔工具勾勒出来

图 3-8-10　球体上部反光绘制

小贴士：金属质感的物理特性——镜面反射与漫反射。

金属也有光滑与粗糙表面质感之分。

镜面反射是物体的表面比较光滑，光线入射时仍会从一个方向反射出来，所以我们看到的效果就会是高光比较强，形状清晰。一些比较光滑的材质常出现这种反射，如光滑金属、镜子、宝石等。漫反射是由于物体表面粗糙，光线会向各个方向反射，因此像植物、墙壁、布料等一些质感表面虽然平滑，但用放大镜看时表面就是凹凸不平的。我们可以从不同光滑程度的金属来理解这个属性，如图 3-8-11 所示。

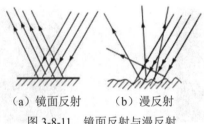

（a）镜面反射　　（b）漫反射

图 3-8-11　镜面反射与漫反射

尤其，有的金属物体表面处理就得是粗糙不平的，在 Photoshop 处理时候，还可以运用窗口的样式工具面板，使用本地或库的 JPEG 贴图，或图层样式（图案叠加）。

小贴士：金属质感的素描特性——三大面五大调。

我们知道物体受到光的照射的时候一般会根据跟光源的夹角关系，产生高光、灰面、明暗交界线、反光和投影五大调子，如任务 7 中图 3-7-3 所示石膏球三大面五大调。这是石膏这种漫反射质感的表达方式。而金属由于强反光的特性，高光会变的更亮、形状更明确，明暗交界线会更重一些，反光也会比之前强烈。而加上颜色的变化以后就会出现一些面受环境的影响偏蓝色，一些面有偏橘色的反光的效果。

（3）金属拉丝效果，选择"添加杂色"→"动感模糊"命令。图 3-8-12（a）的图标底座执行了一次拉丝效果，图 3-8-12（b）的底座执行了两次拉丝效果，所以是横竖相交，180°旋转复制了一层。

如为底座添加金属拉丝效果，新建图层填充中性灰色，添加杂色执行动感模糊命令，并创建剪贴蒙版，调整不透明度，如图 3-8-13 所示。

要点 3：多色金属的色彩表现

多色金属的色彩表现是指金属的天然色和后加工色。通常我们看到的除了大多数银色（白）光泽外，还有稀有色如的黄铜、青铜等金属天然本色，以及后期表面加工喷漆处理色彩，大红、柠檬黄、天蓝色等，如图 3-8-14、图 3-8-15 所示。

（a）一次拉丝　　　　　　　　（b）二次拉丝

图 3-8-12　最终效果图

图 3-8-13　Photoshop 制作金属拉丝效果

图 3-8-14　电话图标　　　　　　　　　　图 3-8-15　游戏图标

在 Photoshop 制作时，可利用双色渐变填充工具，或者图层样式（渐变叠加）。在"渐变叠加"对话框里，板块色值本身就有几种默认金属色，如铜色渐变、铬黄渐变等。打开设置追加"金属"预设，依次有黄铜色、金色、银色、钢条色、钢青色，如图 3-8-16 所示。

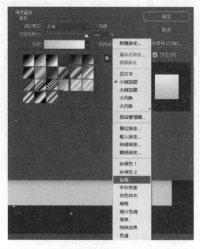

图 3-8-16　渐变工具面板（金属色预设）

小贴士：UI 图标常见金属色。

玫瑰金：玫瑰金是一种金色偏粉的颜色，又称为粉色金或红色金。由于这种金属曾经在 19 世纪初期风行于俄罗斯，故而又称为俄罗斯金。具有延展性强、坚硬度高、色彩多变等特点，常运用在精密细巧的金饰设计上。

银色：银色是沉稳之色，代表高尚、尊贵、纯洁、永恒，象征洞察力、灵感、星际力量、直觉、神圣庄严。

灰色：由于它的中立性，它常常被用作背景颜色。它可以让其他色彩突出。可以使用浅灰色替代白色或者用暗灰色替代黑色。要想得到一个更暖的更有泥土气息的灰色，使用灰褐色，它是一种带浅灰色的褐色。

金黄：金黄色是指非常亮的、金灿灿的黄色。它在黄色的基础上更加鲜亮。

咖啡色：咖啡色属于中性暖色色调，它优雅、朴素、庄重而不失雅致，是一种比较含蓄的颜色。

要点 4：粗糙金属的质感表现

如图 3-8-17 所示，登录入口的背景斑驳有做旧处理感，找一些划痕素材进行融合，然后对底框添加了简单的立体效果，如使用图层样式（斜面浮雕），最后使用图层样式（纹理），或图案叠加，贴图可以使用本地上传的纹理贴图。

图 3-8-17　金属登录入口、按钮制作分解图

要点 5：金属质感图标绘制主要步骤

设计剪纸风格图标时，要先手绘进行图标功能设计，将开关图标、剪纸元素与图标主视觉图形相结合，这里需要注意保持图标功能的识别性，完成图标造型的设计草图，将草图导入 Photoshop/Illustrator 中完成，如图 3-8-18 所示。

图 3-8-18　剪纸风格金属图标设计制作过程

任务实现——开关图标制作

图 3-8-19 为不锈钢质感剪纸风的圆形开关按钮最终效果，主要使用"图层样式"里"渐变叠加"工具配合投影、浮雕、光泽、等高线等选项，关键步骤在第 6 步。

开关图标制作

图 3-8-19　最终效果

具体的制作步骤如下：

（1）金属盘底座制作。

1）新建或按 Ctrl+N 组合键，创建大小 800px×800px、分辨率 72ppi、RGB 颜色、8 位、背景内容为白色的新文件。大小也可以根据需要自己设定。椭圆选框工具，按住 Shift 键画一个圆，按 Alt+Delete 组合键填充颜色，如图 3-8-20、图 3-8-21 所示。

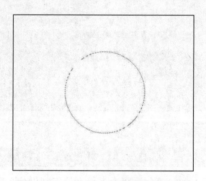

图 3-8-20　椭圆选框工具制作正圆

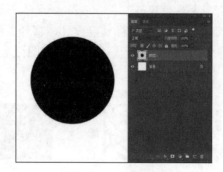

图 3-8-21　黑圆填充

2）转到图层面板，双击图层 1 打开图层样式，添加斜面和浮雕。参数设置如图 3-8-22 所示，添加斜面和浮雕参数面板。

3）添加等高线。参数设置：等高线为半圆，勾选"消除锯齿"。添加等高线参数设置如图 3-8-23 所示。

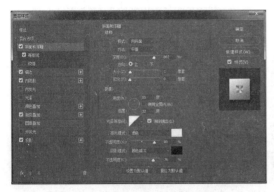

图 3-8-22　添加斜面和浮雕参数面板

图 3-8-23　添加等高线参数设置

4）添加描边。参数设置：大小为 21px，填充类型为渐变，角度为 123°。添加描边参数设置如图 3-8-24 所示。

5）添加内阴影。参数设置：距离为 24px，大小为 43px，如图 3-8-25 所示。

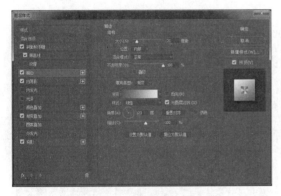

图 3-8-24　添加描边参数设置

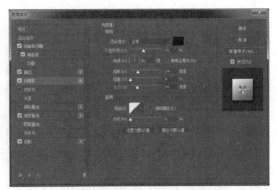

图 3-8-25　添加内阴影参数设置

6）添加渐变叠加。参数设置：样式为角度、90°；渐变颜色色值，白色：RGB(255,255,255)，灰色 RGB(198,198,198)，如图 3-8-26 所示。

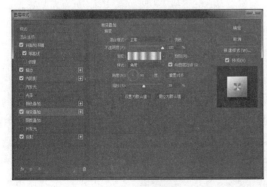

（a）样式设置

（b）渐变颜色值设置

图 3-8-26　添加白灰渐变

7）添加投影。参数设置：不透明度为 53%，距离为 5px，扩展为 21%，大小为 9px，如图 3-8-27 所示。金属盘底座第一个圆完成，如图 3-8-28 所示。

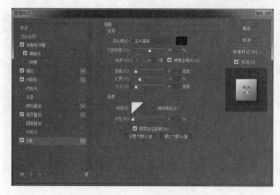

图 3-8-27　添加投影

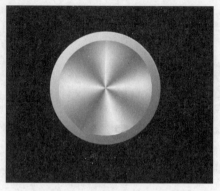

图 3-8-28　金属盘底座第一个圆

（2）金属盘底座圆环边制作。

1）转到图层面板，新建图层，选用椭圆选框工具，按住 Shift 键画一个更大的圆，按 Alt+Delete 组合键填充颜色。转到图层面板，双击图层 2 打开图层样式，添加斜面和浮雕，如图 3-8-29 所示。

2）添加等高线。参数设置：等高线为滚动斜坡（递减），如图 3-8-30 所示。

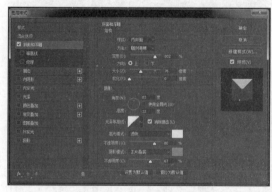

图 3-8-29　添加斜面和浮雕

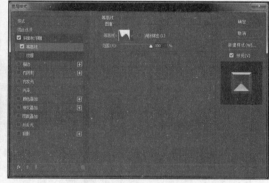

图 3-8-30　添加等高线

3）添加描边。参数设置：大小为 4px，填充类型为渐变，角度为 123°，如图 3-8-31 所示。

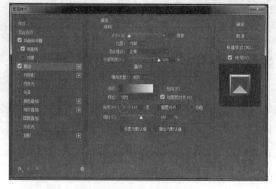

图 3-8-31　添加描边

4）添加渐变叠加。参数设置：样式、角度、渐变颜色色值，同金属盘底座制作的步骤 6）。

5）添加投影。参数设置：不透明度为 53%，距离为 8px，扩展为 17%，大小为 9px，如图 3-8-32、图 3-8-33 所示。

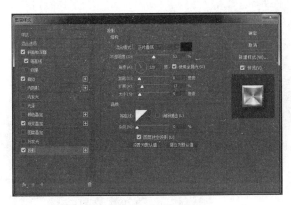

图 3-8-32 添加投影

图 3-8-33 添加投影效果图

（3）添加设计元素图案。

1）将找好的窗棂照片设计稿导入软件中，使用"钢笔工具"选择"路径模式"绘制不规则三角结构干线（窗棂骨骼图案），如图 3-8-34 所示。再使用"路径描边"变粗，或者使用魔棒工具选取相似色，再用"选区工具"做出选区并进行前景色棕色填色，如图 3-8-35 所示。填充选区如图 3-8-36 所示。选择"图像"→"调整"→"替换颜色"命令，替换颜色为黑色，色值 RGB 均为 27，如图 3-8-37 所示。

图 3-8-34 设计元素（窗棂照片）

图 3-8-35 钢笔绘制窗棂骨骼线

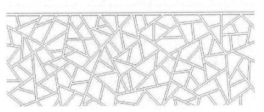

图 3-8-36 填充选区

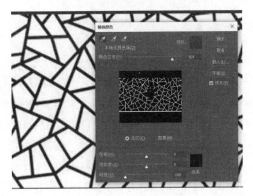

图 3-8-37 替换颜色图

2）新建一层并在图标中心做出开关 U 图形，选中后，设置图层样式为内投影。最终效果如图 3-8-38 所示。

图 3-8-38　最终效果

任务拓展

（1）临摹 2 个金属感剪纸风格手机桌面图标，如图 3-8-39 所示。

（2）设计制作 3 个金属质感剪纸风格手机桌面图标。

图 3-8-39　图书馆地铁图标

任务小结

本任务重点介绍移动端桌面图标（光滑金属质感图标）的特征，需要表现的要素以及金属质感图标制作技巧。

（1）设计元素提取（开关符号、窗棂图案）与金属质感表现形式结合，形成图标设计方案。（难点）

（2）光滑金属的质感表现（反光）：Photoshop 软件中图层样式（渐变叠加）的使用。

（3）光滑金属圆球质感表现（反光、高光）：使用 Photoshop 制作时，钢笔工具与涂抹或橡皮工具的配合使用。（难点）

任务 9　写实图标——木质感图标设计制作

任务要点

要点 1：木质效果特征

木材是用于家具、地板、装饰、建筑等的重要材料，手工制作的充满怀旧文艺气息的木质感在生活中处处可见，大到一间屋子小到一双筷子，生活用品中家居用品居多，艺术品、礼品类如首饰盒、工艺品摆件等，如图 3-9-1、图 3-9-2 所示。还有很多仿木质的产品及包装，也常应用在图标材质效果表现中，如图 3-9-3 所示。木质效果最主要的特征是天然植物性的纹理，色调丰富美观，具有一定柔和的光泽度与颗粒感，所以高光、反光区都弱。颜色至少深浅双色呈现，直线纹理中有漩涡形。这里木质纹理效果表现主要指原木，不包括后加工色彩工艺，如漆器类等。

图 3-9-1　红木官帽椅

图 3-9-2　花梨木工艺首饰盒

图 3-9-3　一组木纹风格手机桌面图标设计

小贴士： 原木木质的种类及用途，见表 3-9-1。

表 3-9-1　原木木质的种类及用途

木材分类	说明及用途
针叶木	多为常绿叶，软木材，如松、杉、柏；木质软易加工，耐腐蚀性较强，价格较低；用于建筑工程承重构件、门窗、吊顶、隔墙龙骨、格栅材料、家具、桥梁、造船、电杆、坑木、枕木
阔叶木	多为落叶树，硬材，如樟木、柚木、榆木、水曲柳、紫檀、白桦木、榉木；材质较硬，较难加工，易翘曲变形开裂；用于建筑工程常作尺寸较小的构件、地板、家具、胶合板、桥梁、造船、车辆、枕木、坑木
原条	未按尺寸加工成规定的木材，用于建筑工程脚手架、建筑用材、家具装潢
原木	已按尺寸加工成规定的木材，用于建筑工程、电杆、坑木、胶合板、造船、车辆
板方	锯解成材，宽度 2 原木板 3 倍数，为板材，不足为方材，用于建筑工程、桥梁、家具、装饰
枕木	按枕木断面和长度而分成的成材，用于铁道工程

备注：木材按树种分为针叶树和阔叶树两大类；木材按加工方式分为原条、原木、板方、枕木。

　　常见木材有橡木、柏木、榉木、香樟木、白蜡木、椴木等，名贵木材有紫檀木（小叶紫檀）、红杉木、黄花梨（降香黄檀）、沉香、鸡翅木、酸枝木等，如图 3-9-4 所示。

图 3-9-4　素材图集合

要点 2： 木质效果的透视角度——两点透视

绘制立体写实图标要注意 8 个要素，如图 3-9-5 所示，透视准确性与透视角度的选择很关键。本任务实训案例以两点透视设计为主，因为三点透视在拟物图标设计中，由于透视角度过于强烈容易产生视觉疲劳。

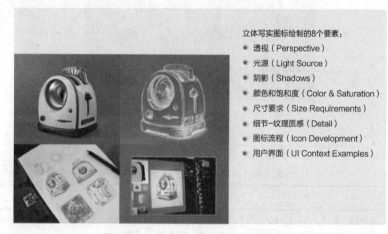

立体写实图标绘制的8个要素：
- 透视（Perspective）
- 光源（Light Source）
- 阴影（Shadows）
- 颜色和饱和度（Color & Saturation）
- 尺寸要求（Size Requirements）
- 细节-纹理质感（Detail）
- 图标流程（Icon Development）
- 用户界面（UI Context Examples）

图 3-9-5　立体写实图标注意 8 个要素

桌面图标设计时多采用半开放结构作为内部结构展现。全封闭结构图标与半开放结构图标特点对比见表 3-9-2。这就好比一个完整的蛋糕和一块切开一角可以看到内部馅料层数蛋糕一样，切开的蛋糕售卖要快些，直截了当，清晰可见，如图 3-9-6 所示。

表 3-9-2　全封闭结构图标与半开放结构图标特点对比

结构	视觉特点		心理暗示	
半开放结构	即视感	透明化公开化	快捷方便性	易操作
全封闭结构	神秘感	安全感　隐秘性	漫长曲折性不易得到	

如图 3-9-7 所示，半打开的记事本桌面图标，利用半开放空间设计，"犹抱琵琶半遮面"地引导观众进一步探索的兴趣，想知晓记事本里究竟记录去过哪些地方，发生什么有趣见闻或重要事件。

图 3-9-6 全封闭与切开蛋糕图标

图 3-9-7 全封闭与半开放 UI 图标

半开放空间 UI 图标设计及效果如图 3-9-8、图 3-9-9 所示，这是一款第三方插件 App 界面设计，也是一组全球主题界面设计大赛获奖作品。半个破开蛋壳造型就是它们基本原型，也可以说算作底图底托，这样半隐藏起来的破壳而出图标，有一种每天生活都是新变化的生机感。

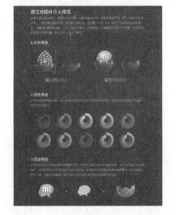

图 3-9-8 半开放空间 UI 图标
设计标准

图 3-9-9 半开放空间 UI 图标设计效果

小贴士：一点透视、两点透视、三点透视。

透视，简单来说就是近大远小。我们在空间中，通过眼睛观察任何物体都会有透视，当我们位置固定，观察处在不同方位的、距离远近不等的相同物体时，必然会呈现近处大远处小的特点，有的在视觉上还会出现形变，这便是自然空间中存在的透视现象。一点透视又称为"平行透视"，即立方体的一个面与画面平行，另一个面与画面垂直，顶面与底面的四条平行棱线相交于视平线上同一消失点（中心点）。两点透视图，就是有两个消失点，如图 3-9-10、图 3-9-11 所示。

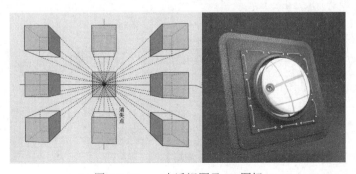

图 3-9-10 一点透视图及 UI 图标

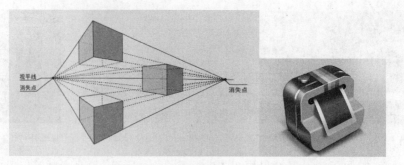

图 3-9-11 两点透视图及 UI 图标

三点透视又称为"倾斜透视"，顾名思义就是有 3 个消失点。物体没有任何一条边缘线或面与画面平行，成倾斜角度，是各种透视中冲击力最强的一种。三点透视图及 UI 图标如图 3-9-12 所示。

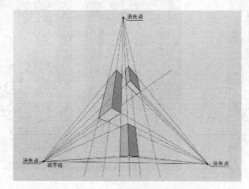

图 3-9-12 三点透视图及 UI 图标

小贴士：六视图。

在专利申请中，六视图最具有专业性。在绘图中，六视图的 6 个视图分别为主视图、俯视图、左视图、右视图、仰视图、后视图，最正面的主要呈现展示效果图就主视图，也称正视图、前视图。在 UI 图标中六视图角度应用如图 3-9-13 所示。

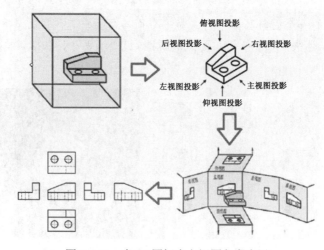

图 3-9-13 在 UI 图标中六视图角度应用

　　观察图 3-9-14、图 3-9-15、图 3-9-16，我们会发现，移动端桌面的邮件图标，使用正视图表达显得简洁直观，半开放空间又隐含寄件背后主人公的故事猜想；而计算器图标，一个全开放空间，偏俯视角度的透视图，画面中心提炼的"加减乘除"符号作为视觉焦点直观地突出"计算"功能性；最后一个电话图标，夸张缩小倍数的电话亭像个玩具摆件，把大型物件变为囊中之物，使用偏俯视的全封闭透视图，拟物感形象丰富又生动，表达出私人沟通信息的私密感。

图 3-9-14　邮件图标（正视图半开放图）

图 3-9-15　计算器图标（偏俯视的全开放透视图）

图 3-9-16　电话图标（偏俯视的封闭透视图）

　　小贴士： 透视线的制作。

　　Photoshop 中可以尝试使用"滤镜"→"消失点"，单击工具栏左侧消失点设置命令按钮（小三角+三条横杠），选择"渲染网格至 Photoshop"，这是针对一点透视，不同版本翻译略有差异。消失点透视网格图如图 3-9-17 所示。多点透视，可以继续增加点。如果要求比较高，需要下载安装"灭点滤镜"。

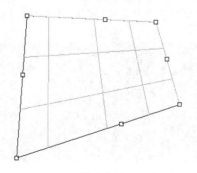

图 3-9-17　消失点透视网格图

推荐使用 Photoshop 插件——三维空间透视辅助线工具 Perspective Tools v2.4.0 Win/Mac 版。Perspective Tools（简称 PT2）是用于 Photoshop 的透视辅助扩展面板插件，能够一键创建透视和平行网格，轻松转换透视图层，可以将透视变形解开为平面，如图 3-9-18 所示。

图 3-9-18　Perspective Tools v2.4.0 Win/Mac 版

小贴士：轻写实拟物图标与重写实拟物图标。

（1）高辨识度。

拟物化风格图标因为完全模拟现实生活中对象的外观和质感，所以具有很高的辨识度，不同肤色、性别、年龄或文化程度的人都能够认知拟物化设计。图 3-9-19 和图 3-9-20 为高辨识度的拟物化图标设计。

图 3-9-19　高辨识度的半拟物化与拟物化 UI 图标 1

完全模拟现实生活中的对象，使用户一看到该图标，就知道其功能是什么。

图 3-9-20　高辨识度的半拟物化与拟物化 UI 图标 2

（2）人性化。

拟物化风格图标能够体现较好的人性化，其设计的风格及使用方法与实现生活中的对象相统一，在使用上非常方便，也更容易使用户理解。图 3-9-21 为人性化的拟物化图标设计。

能够非常明确地表明图标的意义。

图 3-9-21　人性化的拟物化图标设计

（3）质感强烈。

拟物化设计的视觉质感非常强烈，并且其交互效果能够给人很好的体验，以至于人们对拟物化设计已经养成了统一的认知和使用习惯。图 3-9-22 为质感强烈的拟物化图标设计。

强烈的光晕质感，使图标给人很强的视觉冲击力。

完全模拟真实环境中的纹理表现效果，视觉效果真实。

图 3-9-22　质感强烈的拟物化图标设计

拟物化图标缺点是，在设计中花费大量的时间和精力实现对象的视觉表现和质感效果，而忽略了其功能化的实现。许多拟物化设计并没有实现较强的功能化，而只是实现了较好的视觉效果。并且在移动设备中，受到屏幕尺寸大小的限制，当拟物化图标在较小的尺寸时，其辨识度会大大降低。

要点 3：木质的纹理特征——粗糙度（滤镜命令）

表达木质纹理肌理的关键：深浅色分布。

首先一定不能是单一色，至少是双色出现。图 3-9-23、图 3-9-24 为使用"滤镜"→"渲染"→"云彩"命令及效果图，云彩的颜色设置就是前景色和背景色，黑色和白色，这和添加杂色的原理是一样的。也可以不用渲染云彩，直接使用添加杂色命令，渲染云彩使木纹层次感更加丰富。

木质横纹及旋涡纹理的关键：扭曲。

先表达粗糙度，主要通过"滤镜"→"添加杂色"命令，再单一方向横向或纵向拉伸开形成横纹或竖纹，主要通过"滤镜"→"模糊"命令，最后局部扭曲成随机不规则漩涡形纹理图案，主要通过"滤镜"→"扭曲"命令。

木质纹理粗糙度，添加杂色参数图和步骤示意图如图 3-9-25、图 3-9-26 所示。从左算起，第二个方块图示为"添加杂色"命令效果，第三个方块图示为"高斯模糊"命令效果，第四个方块图示为"调整"命令下色彩调节效果。这里添加杂色等同于前景色背景色设置高反差数值，如黑色和白色。

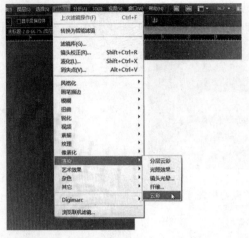

图 3-9-23　"滤镜"→"渲染"→"云彩"命令

图 3-9-24　渲染云彩效果图

图 3-9-25　添加杂色参数图

图 3-9-26　添加杂色步骤示意图

　　这里建立一个 600px×600px 方形图层，填充黑色，步骤为"滤镜"→"杂色"→"添加杂色"；"滤镜"→"模糊"→"动感模糊"。按 Ctrl+B 组合键设置色彩平衡；按 Ctrl+L 组合键设置色阶。

　　添加杂色参数，设为高斯分布、单色。底色为黑色，添加杂色默认就是在原有背景色中添加高反差色，杂色的颜色只有黑白。

　　木质纹理横纹或竖纹（"滤镜"→"模糊"命令），这里扭曲目的就是将之前深浅分不一样色点，拉伸成近似直线感，可以是高斯模糊，动感模糊都行，角度参数一般选 0°，就是水平横向，如图 3-9-27 所示。

　　木质纹理旋涡纹（"滤镜"→"扭曲"→"旋转扭曲"），如图 3-9-28、图 3-9-29 所示。使用选择工具框选局部，做细节参数调整。也可以尝试"滤镜库"→"液化"命令，随着鼠标按住的时长秒数旋转尺寸和扭曲程度递增，但相对旋转扭曲命令来说，产生最终形态比较难以控制，需要熟手操作。

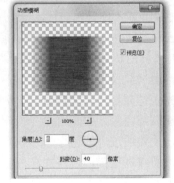

图 3-9-27　木质纹理横纹或竖纹（"滤镜"→"模糊"命令）

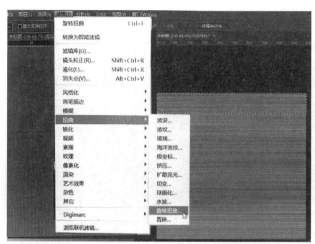

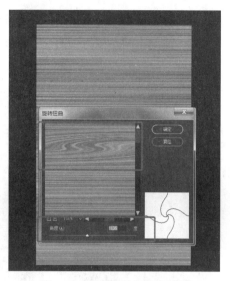

图 3-9-28 "滤镜"→"扭曲"→"旋转扭曲"命令　　　图 3-9-29 "旋转扭曲"面板

　　如果自己不制作模拟木质纹理，则也可以直接将选好的木纹素材图片置入，使用"剪贴蒙版"或"图层样式"中"载入纹理"或"编辑"中"自定义图案"命令。当然还要在图层样式做处理。图 3-9-30、图 3-9-31 为使用剪贴蒙版制作一个 UI 图标木纹底图。先做一个剪贴蒙版，再使用图层样式做投影处理。

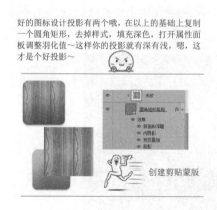

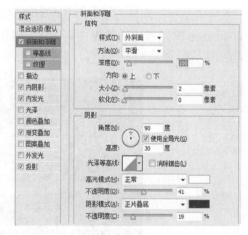

图 3-9-30 剪贴蒙版　　　　　　　　　图 3-9-31 使用图层样式做投影处理

　　木质高光处理，一般采用"白—透明"渐变，整体不透明度数值范围是 5%～10%。而相对金属高光处理，多采用形状单色白色块。

　　要点 4：木质图标绘制主要步骤

　　使用 Photoshop 制作一个木质邮件图标底托，需要首先确定盛放邮件的木盒基本观察角度，就是确定它的基本立体（透视）结构（草）图，也可以理解为设计一个"全开放空间"的立体底图，那主体图就是邮件了，然后关键点就是纹理制作，最后就是内部与外部、高光与投影的处理，这里需要注意保持图标功能的识别性与直接性，如图 3-9-32 所示。

　　木盒底图结构图层分解如图 3-9-33 所示。每一部分形状不同，与透视角度和物件本身结构有关，注意中间拿取入口有一个小缺口设计。

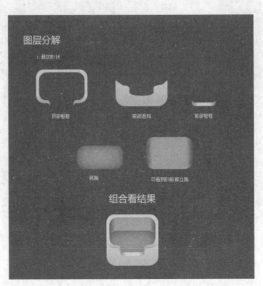

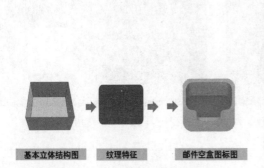

图 3-9-32　木质邮件图标底托制作　　　　　　图 3-9-33　木盒底图结构图层分解

任务实现——邮件图标制作

　　本实例是移动端界面的邮件图标的木质感效果制作，最终效果如图 3-9-34 所示。主要通过 Photoshop 来完成木质效果图标的制作，了解制作关键步骤和技巧，掌握软件制作木纹材质的方法。

邮件图标制作

图 3-9-34　最终效果

　　具体的制作步骤如下：

　　（1）木质盒托基本造型。

　　1）选择"文件"→"新建"命令，选择"视图"→"标尺"调出标尺，绘制 4 条参考线，1280px×1280px 文件，150ppi。使用圆角矩形工具建立一个尺寸为 7cm×14cm 图形作为底面，圆角半径数值为 50，添加图层样式里渐变叠加，双色渐变，两端深棕，中间浅黄。基本颜色值为 RGB(202,68,30)，如图 3-9-35 所示。

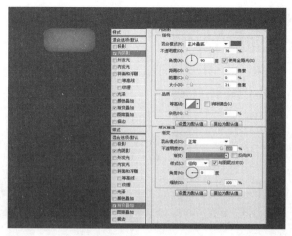

图 3-9-35　添加图层样样式里渐变叠加（双色渐变）

2）依次根据基本透视结构图草图做出立体各个面造型，运用图形之间布尔运算命令或辅助节点调节绘制木质托盘各个方向面的形状，也可以先做一半图形再镜像，注意尺寸比例。基本都是采用图层样式中渐变叠加，也有使用内阴影的。注意根据受光角度不同，边缘亮面填充浅黄色渐变。浅黄色数值 RGB(236,218,146)。图 3-9-36、图 3-9-37 为木质托盘前面和底面形状的参数设置。

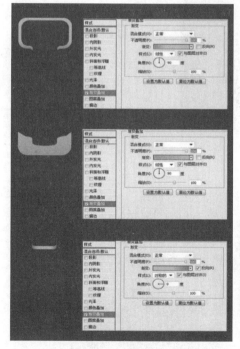

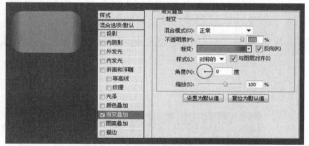

图 3-9-36　木质托盘前面的参数设置　　　　图 3-9-37　木质托盘底面的形状的参数设置

（2）添加木纹纹理。

设置好前景色和背景色为中黄色和深棕色，在菜单栏依次选择"滤镜"→"渲染"→"云彩"命令，云彩的颜色就是前景色和背景色，如图 3-9-38、图 3-9-39 所示。

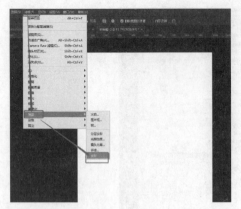
图 3-9-38　"滤镜"→"渲染"→"云彩"命令

图 3-9-39　"滤镜"→"渲染"→"云彩"效果

（3）添加木纹粗糙颗粒感横纹。

在菜单栏依次选择"滤镜"→"杂色"→"添加杂色"命令，添加的数量为 30～40，分布选择"平均分布"→勾选"单色"（杂色的颜色只有黑白），如图 3-9-40 所示。

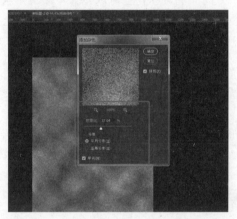
图 3-9-40　添加木纹粗糙颗粒感横纹

（4）添加木质波纹。

选择矩形选框工具，框选任意大小区域，在菜单栏依次选择"滤镜"→"扭曲"→"旋转扭曲"命令，通过调整不同的角度来控制木纹的纹理，如图 3-9-41、图 3-9-42 所示。可以将扭曲参数设置小一点，这里也可以将横纹处理得起伏变化小些，也可以使用滤镜库中液化命令。

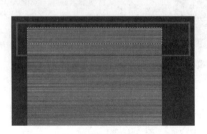
图 3-9-41　选取需要扭曲部分

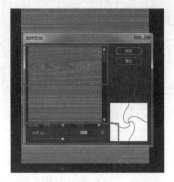
图 3-9-42　调整角度控制纹理

（5）添加原木色。

1）图层样式建立一个调整色，调整色彩/饱和度，接近原木材中黄色彩，如图 3-9-43 所示。

2）也可用最简单方法载入画笔工具，框选住图形范围，在图层上刷笔刷，网上可以自行下载木纹画笔文件，如果想木纹痕迹干皲明显点，可以在滤镜中进行锐化。如图 3-9-44 所示。

图 3-9-43　接近原木材中黄色彩纹理

图 3-9-44　木纹痕迹干皲明显

（6）添加高光和阴影。

绘制高光区域图形，使用图层样式中渐变叠加做效果，白色到透明渐变，调整不透明度，可以叠加两层，一层动感模糊，给很小的值。注意木托盘边缘交界线处高亮一些，可以白色细线条描边路径处理。有些地方使用橡皮工具和模糊/加深减淡工具处理一下，这里具体参数省略，如图 3-9-45 所示。最后添加木托盘外部投影。

（7）添加信封及其投影。

绘制信封，制作信封折痕投影。图层样式中投影，参数设置略，多复制几层。添加个木质背景做陪衬，全部完成后的最终效果如图 3-9-46 所示。

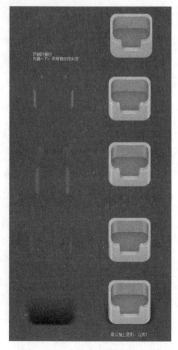

图 3-9-45　添加高光和阴影

图 3-9-46　最终效果图

任务拓展

（1）临摹 3 个木质感移动端桌面图标，如图 3-9-47、图 3-9-48、图 3-9-49 所示。

图 3-9-47　文件　　　　　图 3-9-48　绘图　　　　　图 3-9-49　日期

（2）设计制作 3 个透明质感剪纸风格移动端桌面图标。

任务小结

本任务重点介绍木质感图标的特征，需要表现的要素以及木质感图标制作技巧。任务实现案例选取移动端桌面图邮件图标。

（1）设计方面。

1）拟物化图标造型（草图）关键元素提炼与整合。（难点）

2）透视角度：一点透视/两点透视。（重点）

3）结构设计：开放或半开式结构透视关系。（难点）

（2）制作方面。

1）木纹纹理：滤镜/扭曲类型命令。

颗粒感：渲染/云彩/添加杂色前景色/背景色设置深浅不一的木材原色。

拉伸成横或竖纹：滤镜（模糊/动感模糊/高斯模糊）。

漩涡纹：扭曲/旋转扭曲或滤镜库（液化）。

2）高光："白－透明"渐变，较柔和，辅助橡皮类绘图工具进一步修饰。

综合实践篇

项目四　剪纸风格手机主题界面设计

　　随着个性化、多样化的消费时代悄然来临，人们生活更加丰富多彩。智能移动设备的界面设计个性化与多样化的需求日益凸显。各大手机品牌商也纷纷成立了相应的主题商店。

　　本项目将结合前面所学的知识，通过完成一款剪纸风格的手机主题界面设计项目为案例，来学习手机主题界面设计的内容，同时加深对图标设计方法和流程的理解。此次设计使用安卓系统 1080px×1920px 尺寸界面的标准规范。

知识目标：

● 知 Andriod 系统手机桌面的尺寸规范。

● 知手机主题界面的设计方法、制作方法。

● 知剪纸艺术风格特点，表现技法，文化内涵。

技能目标：

● 能运用软件绘制手机界面图形。

● 能制作出符合行业标准、适用于 Andriod 手机的界面。

● 能应用剪纸元素设计制作剪纸风格手机界面。

素质目标：

● 培养综合应用能力。

● 培养创新思维能力。

● 培养职业文化素养。

任务 1　手机主题桌面图标设计

手机主题桌面
图标设计

任务要点

　　要点 1：主题界面设计制作步骤

　　主题界面的设计一般有 4 个步骤：首先我们拿到一个主题，要对这个主题进行通透的理解，了解它的设计需求、设计意图、设计理念；根据主题需求去收集素材、文字和参考案例；然后整理这些素材；最后进行组合排列设计，形成一个主题作品。

　　要点 2：主题风格定位

　　剪纸艺术是中国传统的民间艺术形式之一。生活中常见的剪纸主要是以红色为主，带给人的印象是火红的颜色，寓意着喜庆和吉祥，如图 4-1-1 所示。此次，剪纸风格主题界面设计的色彩基调为红色。剪纸具有剪影的表现特点，使用面性图标表现，可以更加充分体现其特征。在风格上采用扁平风格，可以以纯平面和轻质感的效果体现。

剪纸风格

图 4-1-1　剪纸艺术

要点 3：界面尺寸规范

界面主题设计尺寸为 1080px×1920px，制作中应符合 Andriod 系统界面设计尺寸规范，明确手机界面主题图标尺寸。本任务设计中采用的手机桌面尺寸图标为 144px×144px。

要点 4：图标的识别性

在图标识别性方面，需要注意将剪纸中的艺术形象与图标功能的匹配，选取典型功能元素，去除不必要元素的使用，如图 4-1-2 所示。如果在功能造型图中添加剪纸元素，边框应添加剪纸元素，功能造型应简洁，如图 4-1-3 所示。

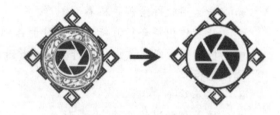

图 4-1-2　典型元素　　　　　　　　　　图 4-1-3　功能造型简洁

要点 5：图标体感一致

图标体感可借助图标栅格来制作、调整，如图 4-1-4 所示。

图 4-1-4　图标栅格调整图标

任务实现——剪纸风格图标制作

（1）设计风格。

下面设计制作一套具有剪纸风格特点的主题图标。设计采取剪纸艺术镂空的特点，图案元素提取于剪纸纹样和具有典型民族特征的事物，如图 4-1-5、图 4-1-6、图 4-1-7、图 4-1-8 所示。将这些元素与图标的含义（如电话、时钟、计算器、相机、短信等）相结合，设计出一款典雅、优美的民族风手机主题图标。

图 4-1-5 民族风纹样

图 4-1-6 日晷

图 4-1-7 算盘

图 4-1-8 二胡

（2）手绘图标。

在确定主题风格后，进入手绘设计图标阶段，这是将设计思想具象化的必要过程。在这个过程中，要发挥想象，挖掘与中国文化相关的元素特点，将其与主题图标中各图标的含义联系到一起，运用剪纸艺术的特点设计主题图标。

例如，日晷是中国古代利用太阳的射影长短和方向来判断时间的计时仪器。我们可以将时钟图标设计成日晷形状，利用剪纸技法，将其表现出来，如图 4-1-9 所示。

又如，浏览器可以用"e"代表图标功能，采用剪纸中常用的锯齿纹、月牙纹、三角纹对图标进行装饰、裁剪，如图 4-1-10 所示。

图 4-1-9 时钟图标

图 4-1-10 浏览器图标

按照以上两种设计方法，可以设计出包括音乐、天气、联系人、日历、电话、短信等在内的系统图标，如图 4-1-11 所示。

图 4-1-11　手绘图标效果

（3）图标制作。

图标制作是在 Photoshop 中完成的，方法是将手绘的草图拍成照片，再利用 Photoshop 进行描边、上色等操作。接下来以图 4-1-12 所示的时钟图标为例，介绍该图标的制作过程。

1）打开 Photoshop，选择"文件"→"新建"命令，新建文件，文件的大小为 400px×400px，分辨率为 72ppi，颜色模式为 RGB，如图 4-1-13 所示。

图 4-1-12　时钟图标

图 4-1-13　文件参数

2）打开拍摄的时钟图标手绘草图照片，将其拖拽到新建的文件中，图标制作在此基础上完成，如图 4-1-14 所示。

3）使用"椭圆工具"绘制日晷底盘，绘制椭圆 1，选择"路径操作"→"减去顶层形状"

命令，绘制椭圆 2，填充颜色为红色 RGB(169,6,44)，得到椭圆环形状，效果如图 4-1-15 所示。

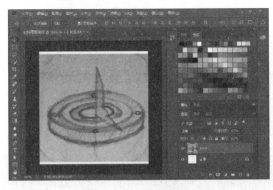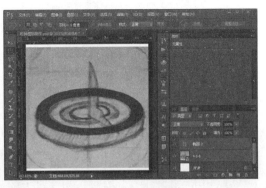

图 4-1-14 导入草图   图 4-1-15 椭圆环

4）按照上述方法，绘制第 2 个椭圆环，效果如图 4-2-16 所示。

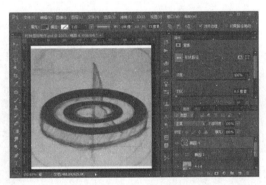

图 4-1-16 第 2 个椭圆环

5）选择"矩形工具"绘制矩形与绘制的椭圆 1 居中对齐，合并，效果如图 4-1-17 所示。使用"路径选择工具"选择"路径排列方式"，将内部椭圆置于顶层，得到图形命名为"日晷底盘 1"，效果如图 4-1-18 所示。

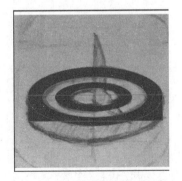

图 4-1-17 绘制的矩形   图 4-1-18 调整路径排列顺序

6）使用"椭圆工具"绘制椭圆，椭圆与"日晷底盘 1"形状，居中对齐，合并形状，效果如图 4-1-19 所示。使用"路径选择工具"选择"路径排列方式"，将椭圆置于底层，效果如图 4-1-20 所示。

图 4-1-19　绘制椭圆

图 4-1-20　椭圆路径置于底层

7）使用"椭圆工具"绘制日晷底盘上的 4 个小椭圆，合并形状，选择"路径操作"→"减去顶层形状"命令，效果如图 4-1-21 所示。

8）隐藏日晷底盘图层，使用"钢笔工具"绘制日晷指针，效果如图 4-1-22 所示。

图 4-1-21　日晷底盘

图 4-1-22　日晷指针

9）合并图层，得到最终效果如图 4-1-23 所示。将手绘的草图图层隐藏，将图标存储为 PNG 格式，如图 4-1-24 所示。为了便于以后的修改，建议再存储一个 PSD 格式的文件备用。

图 4-1-23　日晷效果

图 4-1-24　存储为 PNG 格式

在图标制作的过程中，每个图标因其形状的不同，在处理手法上会稍有不同，但基本方法是一致的。以下是其中一部分图标，图 4-1-25 所示。

10）绘制图标底框。使用"圆角矩形工具"绘制 144px×144px，半径 10px 的圆角矩形，填充颜色为白色 RGB(255,255,255)，设置图层不透明度为 40%，效果如图 4-1-26 所示。

图 4-1-25 图标制作

11）添加底框装饰。使用"钢笔工具"在手绘草图照片上，绘制中国风剪纸图案，效果如图 4-1-27 所示。

图 4-1-26 图标底框

图 4-1-27 装饰纹样

12）剪纸风格图标效果如图 4-1-28 所示。

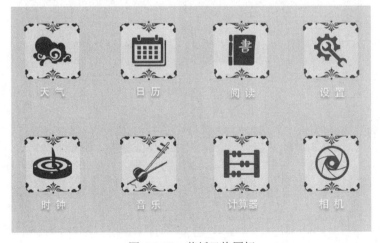

图 4-1-28 剪纸风格图标

小贴士：在 Photoshop 中，通过 Alt 键+单击拖动操作，可实现图标底框的快速复制。

任务拓展

请运用本任务所学的知识点，设计一套主题图标，要求如下：

（1）至少设计 12 个主题图标。

（2）图标的设计风格一致，符合图标设计的原则。

（3）完成图标手绘稿、电脑制作稿及主题界面的设计制作。

样例：本样例是插画风格的主题图标设计，灵感来源于《小王子》中的相关元素，如图 4-1-29、图 4-1-30 所示。

图 4-1-29　手绘稿

图 4-1-30　制作效果

任务小结

本任务详细介绍了主题图标设计的有关原则、流程和规范，通过任务实战的讲解，帮助读者更加深入地了解图标设计的方法和技巧，其中图标的识别性、体感大小一致、风格统一是重点。主题图标的设计灵感不同，设计出的风格和视觉效果也不同。

任务2　手机主题背景界面设计

手机主题背景
界面设计

任务要点

要点1：手机界面构成的基本区域

手机界面构成的基本区域可分为状态区、标题区、功能操作区、公共导航区4个部分，如图4-2-1所示。

图4-2-1　基本区域

其中，状态栏的参数70px，其他区域没有明确的规定。

要点2：对齐、分布操作

手机界面尺寸有限，内容功能丰富。界面中的图标、文字等元素通常都很小。因此，在操作中我们会经常使用分布和对齐命令，来使各元素严谨规范。在具体操作中可以对图层进行对齐和分布操作，这时注意使用"移动工具"选中多个图层，还可以对具体路径进行对齐、分布操作，这时需注意使用"路径选择"工具选中多个路径。对齐、分布命令图标如图4-2-2所示。

图4-2-2　对齐、分布命令

要点 3：时间的设计制作

时间设计，采用中国典型的窗棂造型（图 4-2-3），一方面与表框造型相近，另一方面窗棂中的图案可以与节气相联系，不同的节气可以设计相应的剪纸图案，应时应景。

在制作时使用到剪贴蒙版的操作，将窗棂分割为两个不同的颜色，一方面与背景图案颜色呼应，另一方面使窗棂造型更加丰满、灵活、有变化。

图 4-2-3　窗棂

要点 4：剪贴蒙版

剪贴蒙版由基底图层和内容图层组成，其中内容图层位于基底图层上方。基底图层用于限制图层的最终形式，而内容图层则用于限制最终图像显示的图案。下面打开"操场.jpg"图像，使用"文字工具"输入"国庆"两个汉字，使操场图层位于文字图层的上方，右击选择创建剪贴蒙版命令，得到带有操场图案的国庆文字，如图 4-2-4 所示。

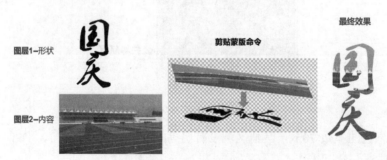

图 4-2-4　剪贴蒙版

任务实现——背景界面设计制作

完成主题图标设计制作的任务之后，我们要制作与该图标相关的主题界面，包括系统的主界面、锁屏界面、解锁界面等。这里以 Andriod 系统 1080px×1920px 尺寸界面的参数为例，介绍制作过程。

具体的制作步骤如下：

（1）选择"文件"→"新建"命令，新建文件，文件的大小为 1080px×1920px，分辨率为 72ppi，颜色模式为 RGB，如图 4-2-5 所示。

（2）填充背景为粉红色 RGB(255,133,141)。使用"矩形工具"绘制矩形，长 1080px，宽 70px，填充无，描边为黑色，粗细 1 点。将素材状态栏信息图标导入文件中，放置于矩形内，调整大小和位置。调整后将矩形隐藏，效果如图 4-2-6 所示。

图 4-2-5 新建文件参数

图 4-2-6 导入状态栏信息

（3）将素材"鱼.jpg"导入文件中，调整大小和位置，并使用"矩形框选工具"裁剪图片，效果如图 4-2-7 所示。

（4）使用"魔棒工具"，容差设置为 50，在素材白色区域单击，选择菜单栏中"选择"→"选取相似"命令，确保素材中白色被全部选中，效果如图 4-2-8 所示。选择"鱼"素材图层，右击"栅格化图层"，按 Delete 键，删除选取图像，按 Ctrl+D 组合键取消选区，效果如图 4-2-9 所示。

图 4-2-7 背景素材导入

图 4-2-8 选择制作

图 4-2-9 素材效果

（5）按 Ctrl 键，单击素材图层缩略图，调出选区，填充选区颜色为灰白色 RGB(222,222,222)，效果如图 4-2-10 所示。调整图层不透明度为 20%，效果如图 4-2-11 所示。

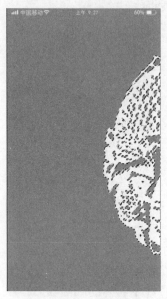

图 4-2-10　填充效果　　　　　　　　　　图 4-2-11　透明度设置效果

（6）将素材"福.png"导入文件中，调整大小和位置，并使用"矩形框选工具"裁剪图片，调整图层不透明度为 30%，效果如图 4-2-12 所示。

（7）使用"文字工具"输入竖排文字，填充颜色为 RGB(233,101,117)，字体为 Arial Narrow Bold，效果如图 4-2-13 所示。

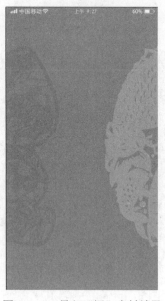

图 4-2-12　导入"福"素材效果　　　　　　图 4-2-13　背景文字效果

（8）制作时间显示区。导入"窗花镂空.png"素材，调整素材大小和位置。使用"矩形工具"绘制矩形，填充粉红色 RGB(255,194,198)，右击选择"创建剪贴蒙版"命令，创建导入素材的剪贴蒙版，调整位置，效果如图 4-2-14 所示。

（9）使用"文字工具"，选择文鼎习字体，输入时间和日期，效果如图 4-2-15 所示。

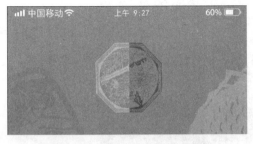
图 4-2-14　窗花镂空素材制作效果

图 4-2-15　时间效果

（10）将上一个任务设计好的主题图标导入到文件中，调整大小和位置，如图 4-2-16 所示。

（11）使用"椭圆工具"绘制 4 个圆形，填充红色 RGB(166,50,77)，粉红色 RGB(255,187,187)，放置在标题栏上，剪纸主题界面设计最终效果如图 4-2-17 所示。

图 4-2-16　导入图标效果

图 4-2-17　最终效果

任务拓展

请运用本任务所学的知识点，设计制作任务 1 手机主题桌面图标设计的任务拓展中的主题界面。要求如下：

（1）与主题图标风格一致，符合界面尺寸规范。

（2）符合界面设计的原则。

样例：本样例是《小王子》插画风格图标设计的主题界面设计，如图 4-2-18 所示。

图 4-2-18   主题界面

任务小结

本任务介绍了剪纸主题背景界面的设计和制作方法，掌握以下 4 点内容：
（1）手机界面的结构布局。
（2）分布对齐命令在手机界面设计中的重要性。
（3）剪贴蒙版的使用方法和原理。
（4）时间设计的一种思路和制作方法。

任务 3   手机主题锁屏界面设计

任务要点

要点：解锁符号设计

由于是剪纸主题联想到剪纸使用的剪刀（图 4-3-1），因此解锁符号采用中国传统剪刀造型，通过剪纸这个动作解锁屏幕。另外，在设计时还可以从中国传统锁（图 4-3-2）造型中获取灵感进行设计。

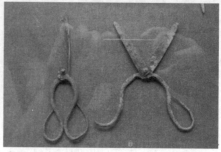

图 4-3-1   剪刀

图 4-3-2　锁

任务实现——锁屏界面设计制作

在手机桌面背景的制作的基础上，来介绍锁屏界面的设计制作。

具体的制作步骤如下：

（1）选择"文件"→"新建"命令，新建文件，文件的大小为 1080px×1920px，分辨率为 72ppi，颜色模式为 RGB，如图 4-3-3 所示。

（2）填充背景为白色 RGB(255,255,255)。使用"矩形工具"绘制矩形，长 1080px，宽 70px，填充为粉色 RGB(255,195,195)，描边为无。将素材状态栏信息图标导入文件中，放置于矩形内，调整大小和位置，如图 4-3-4 所示。

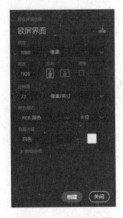

图 4-3-3　参数设置

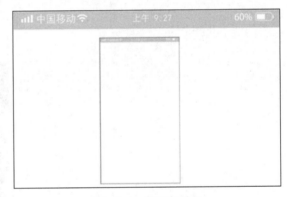

图 4-3-4　状态栏效果

（3）将背景图案"鱼.jpg"和"福.png"，放置在锁屏界面中，调整"福.png"图层的不透明度为 100%。导入文字及时间，修改时间文字字体，调整大小及位置，并使用"矩形工具"绘制矩形，填充为粉红色 RGB(255,194,198)，效果如图 4-3-5 所示。

（4）制作滑屏解锁。将设计的手绘图稿导入，使用"钢笔工具"绘制剪刀，填充红色 RGB(169,6,44)，使用"矩形工具"绘制矩形，效果如图 4-3-6 所示。

（5）使用"圆角矩形工具""椭圆工具""矩形工具"，分别绘制圆角矩形 1，圆形，矩形，圆角矩形 2。将圆形与圆角矩形合并形状。使用"添加锚点工具"在圆角矩形 1 左上角处添加锚点，在圆角矩形 2 左边中间部位添加锚点，使用"直接选择工具"选中需要删除的线段，按 Delete 键删除。调整图形的位置，并统一设置填充为无，描边为 1 点，颜色为红色 RGB(169,6,44)，效果如图 4-3-7 所示。

图 4-3-5　背景效果

图 4-3-6　剪刀和虚线

（6）调整元素位置及大小，最终效果如图 4-3-8 所示。

图 4-3-7　锁

图 4-3-8　锁屏界面

任务拓展

请运用本任务所学的知识点，设计制作任务 1 手机主题桌面图标设计的任务拓展中的锁屏界面。要求如下：

（1）与主题图标风格一致，符合界面尺寸规范。

（2）符合界面设计的原则。

样例：本样例是《奇域》解锁主题界面设计，如图4-3-9所示。

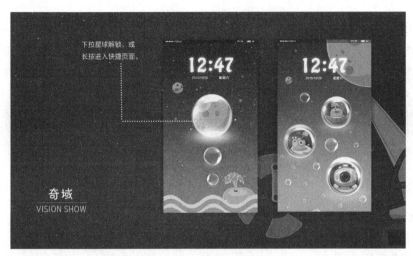

图 4-3-9　解锁界面设计

任务小结

本任务介绍了剪纸主题锁屏界面的设计和制作方法。综合应用了界面设计一致性原则，同时在设计时将剪纸元素为代表的中国传统文化和传统图案融入其中。激发创意思维，灵活运用所学知识和技法，实现创新设计。

项目五　新西兰 NAMEKIWI App 应用界面设计

　　不同的移动 App 可以在生活中不同地方帮助我们。设计师应能设计出满足用户需求的界面，使用户用起来满意。许多 App 都有一些常见界面，本项目将重点介绍这些常见的界面，结合前面所学的内容，来完成一款真实项目的 App 界面设计。通过设计制作过程的介绍，加深对 App 界面设计方法和流程的理解，巩固之前所学知识点。本项目以"新西兰 NAMEKIWI App 项目"为例，详细介绍移动端中一套完整的 App 项目设计中应该掌握的设计方法和相关技巧。

知识目标：
- 知项目设计需求。
- 知项目设计方法。
- 知移动端界面结构，以及页面中不同模块的所需控件。

技能目标：
- 能够在项目设计开发前对项目做到精准定位。
- 能够依据原型图设计出统一风格的 App 界面。
- 能应用剪纸元素设计制作剪纸风格手机界面。

素质目标：
- 培养综合应用能力。
- 培养创新思维能力。
- 培养职业文化素养。

任务 1　App 启动图标设计

任务要点

要点 1：项目概述

　　对于新西兰 NAMEKIWI App 项目来讲，项目概述是一个很重要的前期准备，保证项目可以准确无误地完成。在 App 项目设计之前，首先需要对项目的需求进行分析，如项目名称、定位、优势、需求等方面进行分析。下面就为大家介绍项目进行前的准备事项。

　　（1）项目名称。新西兰 NAMEKIWI App 项目——新西兰 NAMEKIWI App 应用界面设计。

　　（2）项目定位。项目定位是指企业用什么样的产品来满足目标消费群体或市场需求，其重点是针对目标消费群体下功夫。为此要从项目产品种类、服务等多方面研究，并顾及相关竞争对手。当前购物类 App 以其灵活性、便捷性吸引了大量消费者。"新西兰 NAMEKIWI"是一款多功能、简单实用的跨境电商购物类 App 应用。"NAMEKIWI"中文释义为一个代表具备声誉、品质以及诚信的优质新西兰产品的品牌。该 App 专注于推广真正具有高品质的新西兰产品。它是新西兰本地制造商及服务商与中国消费者之间的桥梁，摒弃其他所有第三方。让消费者足不出户即可享受"100%纯天然产品"。以在线销售涵盖食品饮料、美容护肤、家具用品、母婴用品等。

（3）功能介绍。新西兰 NAMEKIWI App 的功能主要有以下 4 点。

1）一站式体验。App 应用使用方便，功能完整，用户可以方便快捷地浏览或者购买商城中的产品。让消费者不出家门，不出国门，即能享受到来自全国及世界各地的商品和服务，省力、省钱、省时间。

2）高服务质量。企业以"声誉、品质、诚信"为本，在 App 中的商品都是经过严格筛选，并严格按照国家有关"三包"的法律法规，让顾客放心购买。每天都可以看到不一样的购物经验，让不懂时尚的消费者也可以轻松购物。

3）配送快捷。企业在中国内地多处设有仓储设施，绝大部分产品会在接到订单后第一时间从距离最近的仓储地发货。灵活的调配，高效的运输，力保消费者的惊喜不会过期。

4）优质售后。企业在中国本土拥有专业的服务团队为消费者提供产品信息、退款、调换、售货服务和可靠运输在内的多种增值服务。部分受限产品，如非动物实验化妆产品、在国内尚未完成产品注册的纯天然保健品以及其他同类商品，公司会以海外直邮方式进行配送。

要点 2：原型分析

明确项目之后，产品经理负责整个项目的原型图，然后 UI 设计师会根据产品经理绘制的原型图进行设计优化。在启动图标设计时，需要对新西兰 NAMEKIWI App 项目的原型图进行分析。分析原型图之后，UI 设计师或视觉设计师对项目整体的视觉风格进行设计，对界面进行优化。负责项目中各种交互界面、图标、Logo、按钮等相关元素的设计与制作，推进界面及交互设计的最终实现。

要点 3：启动图标设计要求

（1）图形：以符合 App 设计风格为基础，进行图标图形原创设计。

（2）色彩：以符合 App 设计风格为基础，进行图标配色设计。

要点 4：启动图标规范

（1）图标圆角规范：圆角应大小一致。

（2）图标线宽规范：线条的宽度应保持一致。

（3）图标尺寸规范：设计稿基于 iPhone 6 的分辨率 750px×1334px 进行设计，启动图标大小为 1024px×1024px。

要点 5：启动图标设计分析

启动图标是 App 的重要组成部分和主要入口，是一种出现在移动设备屏幕上的图形符号。通常图像符号给人的第一感觉就是非常直观，能够大大节省人们的思考时间。因此，设计者通常从图像符号入手进行设计。新西兰 NAMEKIWI App 项目启动图标需满足跨境购物方便、快捷、实用性好、交互合理、创意感强的设计主旨。

任务实现——App 启动图标制作

图标图案设计灵感来自于新西兰国鸟"几维鸟"造型，并与 KIWI 的首

App 启动图标制作

字母 K 进行组合设计，体现购物平台主要经营产品是来自新西兰国家的优质绿色产品，突出主题。设计草图如图 5-1-1 所示，图标效果如图 5-1-2 所示。

图 5-1-1　启动图标设计草图　　　　　　图 5-1-2　启动图标效果图

具体的图标制作步骤如下：

（1）打开 Photoshop 软件，选择"文件"→"新建"命令，新建文件，文件的大小为 1200px×1200px，分辨率为 72ppi，颜色模式为 RGB，如图 5-1-3 所示。

（2）使用"圆角矩形工具"绘制 1024px×1024px、半径 340px 的圆角矩形，填充颜色为黄色 RGB(250,192,33)，效果如图 5-1-4 所示。

（3）使用"椭圆工具"绘制 472px×472px 的圆形 1。绘制圆形 2，尺寸为 236px×236px。绘制圆形 3，与圆形 1 和圆形 2 相切。绘制圆形 4，尺寸为 396px×396px，绘制圆形 5，与圆形 4 内切且过圆形 2，绘制圆形 6，尺寸为 202px×202px，效果如图 5-1-5 所示。

  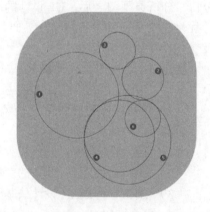

图 5-1-3　文件参数　　　　图 5-1-4　图标底框　　　　图 5-1-5　绘制圆形

（4）使用"添加锚点工具"分别在 6 个圆中添加锚点，并删除多余路径，效果如图 5-1-6 所示。

（5）选择描边工具中线型下拉框，设置描边对齐方式为"居中对齐"，并设置圆形 1、2、3、4、5 的路径描边粗细为 72px，圆形 6 路径描边粗细为 20px，颜色为黑色 RGB(0,0,0)，效果如图 5-1-7 所示。

（6）使用"钢笔工具"和"椭圆工具"绘制几维鸟造型的其他元素。效果如图 5-1-8 所示。

（7）将设计草图素材导入文件，使用"钢笔工具"和"矩形工具"绘制 K 字母造型，填充灰色 RGB(114,113,113)、橙色 RGB(234,84,19)，效果如图 5-1-9 所示。

图 5-1-6　删除路径后造型

图 5-1-7　路径描边效果

图 5-1-8　几维鸟造型

图 5-1-9　启动图标效果图

任务拓展

在界面图标设计制作中，考虑到后期图标造型会在不同界面和场合中使用，图标制作通常会使用矢量软件制作。

请运用本任务中设计的启动图标方案，使用 Illustrator 软件完成制作，如图 5-1-10 所示。

图 5-1-10　启动图标设计方案

具体制作步骤提示如下：

（1）使用"椭圆工具"绘制几维鸟造型中的 6 个圆形，在圆形相交和相切处添加锚点，使用"直接选择工具"选中锚点，选择"在所选锚点处剪切路径"命令，将路径断开，删除多余路径。

（2）框选路径连接处锚点，选择"连接所选终点"命令，连接路径。

（3）选择连接的路径设置描边粗细为 72px，选择"对象"→"路径"→"轮廓化描边"命令，将路径转化为形状。

（4）使用"钢笔工具"和"椭圆工具"完成几维鸟造型的绘制。

（5）使用"矩形工具"绘制 K 的造型，使用"路径查找器"对图形进行分割等布尔运算。

（6）橙色的叶子造型，可以通过取两个圆形的交集制作完成。

（7）K 造型中的弧度转角，可通过添加锚点，再通过调整锚点来完成。

任务小结

本任务介绍了新西兰 NAMEKIWI App 项目的应用图标设计和制作方法。掌握以下 4 点内容。

（1）图标图形设计要突出应用主题。

（2）图标颜色使用符合 App 应用类型。

（3）图标尺寸符合界面设计规范。

（4）图标制作方法。

任务 2　启动页设计

任务要点

要点 1：项目设计定位

依据项目概述和背景，在对界面进行设计时首先需要进行设计定位，统一风格，使组件能够赋予界面独特文化内涵和特点，让界面交互更友好，具有与众不同的艺术风格。启动页设计也要依从项目风格、颜色风格、字体风格等要素。

要点 2：设计风格

确定项目整体采用扁平化的设计风格，去除冗余、厚重和繁杂的装饰效果，让"信息"本身作为核心凸显出来。在设计元素上，强调抽象、极简和符号化。削弱图形的复杂程度和纹理效果的运用，将各部分组件以最简单和直接的方式呈现出来，减少认知障碍，同时使界面美观、简洁、整齐。

要点 3：颜色定位

在 App 界面设计中颜色可以给予用户最直观的视觉冲击，运用不同的颜色搭配，可以产生各种各样的视觉效果，带给用户不同的视觉体验。因此颜色至关重要，当 App 的设计风格确定后，接下来就要确定其主色调和搭配颜色。

本次项目针对跨境电商类 App 进行设计，主要经营优质纯天然产品，因此主色调的选取会偏向于引用容易引起用户注意，使用户兴奋、产生高级感的黄色，但是由于纯黄色往往会给用户造成视觉疲劳，因此选用橙黄色 RGB(243,152,1)作为主体色，运用黑、白、灰等易搭配色彩作为辅色，图 5-2-1 列举了一些主要模块的颜色和相应的 16 进制颜色值。

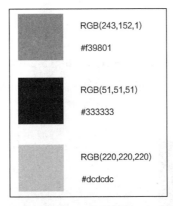

图 5-2-1　主要颜色

要点 4：页面尺寸

由于 iPhone 6 手机的界面分辨率为 750px×1334px，因此所有界面的设计尺寸均为 750px×1334px，设计页面时，页边距一般为 24～30px（除去状态栏内容以外的所有其他模块内容都应该在页边距以内设计）。

要点 5：布局方式

由于人们的浏览习惯一般为从上至下，因此页面元素采用竖直罗列的排列方式，更有利于用户体验。根据启动页的特性（加载时间通常为 2000～3000ms），元素的排列顺序依据重要程度进行划分。

任务实现——启动页制作

由于启动页通常为打开 App 的第一个界面，因此一般选用能够给用户留下深刻印象的图像 Logo、文字 Logo 或标语性文字等作为启动页的内容。启动页的最终设计效果如图 5-2-2 所示。

清晰大图

图 5-2-2　启动页的最终设计效果

　　具体的制作步骤如下：

　　（1）打开 Photoshop 软件，选择"文件"→"新建"命令，新建文件，文件的大小为 750px ×1334px，分辨率为 72ppi，颜色模式为 RGB，如图 5-2-3 所示。

　　（2）使用"矩形工具"绘制 750px×1334px 的矩形，填充自上而下由白到橙黄色的渐变色，RGB(255,255,255) 到 RGB(250,192,33)，调节颜色过渡比例滑块，渐变效果如图 5-2-4 所示。

图 5-2-3　新建尺寸

图 5-2-4　渐变效果

　　（3）使用"钢笔工具"绘制页面底部背景形状，设置形状颜色为 RGB(250,192,33)，不透明度为 30%，无描边。绘制城市和飞机为代表的物流运输元素。底部效果如图 5-2-5 所示。

　　（4）将之前设计好的启动图标中的图像 Logo 导入文件，不需要重复制作，只需要调整大小到合适的位置，修改颜色为橙黄色 RGB(243,152,0)。使用"文字工具"和"矩形工具"制作文字和线条，填充颜色为 RGB(243,152,0)。位置组合调整成横式 Logo，放置于页面中上方，最终效果如图 5-2-6 所示。

图 5-2-5　底部效果

图 5-2-6　最终效果

任务拓展

依据本次任务设计要点，重新设计一款本项目的启动页，内容包括图标 Logo、文字 Logo 和标语。示例如图 5-2-7 所示。

图 5-2-7　示例

任务小结

本任务介绍了新西兰 NAMEKIWI App 项目的启动页设计和制作方法。掌握以下 4 点内容。
（1）启动页设计要依从于项目风格、颜色风格、字体风格等要素，使整体设计风格一致。
（2）项目整体采用扁平化的设计风格，启动页设计应简洁、整齐、美观。
（3）确定启动页的主色调和搭配颜色。
（4）注意页边距，页边距一般为 24～30px。

任务 3　引导页设计

任务要点

要点 1：引导页作用

引导页的作用是方便用户了解产品的主要功能和特点，在用户首次打开 App 时能够快速地对产品做到初步定位。为了着重体现该 App 的功能优势，可选用功能介绍类的设计方法，将各个功能抽象为图形加文字体现在页面上。

要点 2：页面数目及背景

在 App 设计中，引导页的数目一般控制在 5 页以内。由于该项目针对电商类 App 进行设计，因此引导页的背景色可选用饱和度较高的颜色。

要点3：页面元素

页面元素主要包括文字和图片，可以从客户提供的文案素材入手，选用对应的图案添加到页面中，并将该 App 所具有的功能优势演化为小图标分布到各个页面。通常在页面最下方还会添加界面指示器（也可称为轮播点）作为图片的显示顺序，在最后一个页面中则替换为按钮，单击即可进入该 App 的首页。

要点4：布局方式

布局方式同样采用从上至下的排列顺序，上方放置图片内容，下方为文字内容以及轮播点和按钮。

（1）图片内容：可设计为行星环绕的排列方式，中间放置与文字所对应的大图，为了让大图更醒目，可添加背景色块作为衬托，结合引导页的各个背景色综合考虑选用适合的颜色。

（2）文字内容：字体大小没有具体要求，调整到合适大小即可。

（3）界面指示器和按钮：界面指示器的圆点不应太大，表现方式分为显示和隐藏，可通过调整不透明度作为区分。按钮的高度一般为80px左右，宽度没有具体要求，文字大小 30～32px，字体"苹方 中等"，颜色与该页面的主色调相同即可，界面指示器和按钮的背景色一般采用白色。

清晰大图

任务实现——引导页制作

引导页的最终设计效果如图 5-3-1 所示。

图 5-3-1　引导页的最终设计效果

具体的制作步骤如下：

（1）引导页一。

1）打开 Photoshop，选择"文件"→"新建"命令，新建文件，文件的大小为 750px×1334px，分辨率为72ppi，颜色模式为RGB，如图 5-3-2 所示。

2）使用"矩形工具"绘制 750px×1334px 的矩形，给矩形添加渐变图层样式，渐变颜色由上至下粉白色 RGB(245,238,239)至浅粉色 RGB(253,100,151)。使用"椭圆工具"绘制 405px×

405px 圆形 1，填充颜色为深粉色 RGB(253,31,105)，无描边。底图效果如图 5-3-3 所示。

　　3）使用"椭圆工具"绘制圆形 2、圆形 3、圆形 4，三个圆形大小分别为 508px×508px、583px×583px、658px×658px，无填充，白色描边，粗细为 2px。选择圆形 1 到圆形 4 图层，进行垂直居中对齐和水平居中对齐，并放置在界面中上水平中心位置，如图 5-3-4 所示。

图 5-3-2　新建文件参数

图 5-3-3　底图效果

图 5-3-4　同心圆位置

　　4）使用"椭圆工具"绘制圆形 5、圆形 6、圆形 7、圆形 8、圆形 9、圆形 10、圆形 11，填充为白色，无描边，调整大小及位置，如图 5-3-5 所示。

　　5）将"定位""运输""收货"图标素材导入文件，放置在较大的 3 个白色圆形中，修改颜色为深粉色 RGB(253,31,105)。并将"地图"素材导入文件，放置在底图背景大圆中，设置叠加颜色为白色，图层不透明度为 79%，如图 5-3-6 所示。

　　6）使用"文字工具"输入文字，字体大小为 49px 和 38px，颜色分别设置为粉色 RGB(251,184,190)和白色 RGB(255,255,255)。使用"椭圆工具"绘制指示器圆点 3 个，填充颜色为白色 RGB(255,255,255)，无描边。设置后边两个圆点的不透明度为 54%，如图 5-3-7 所示。

图 5-3-5　圆的位置

图 5-3-6　导入素材后效果

图 5-3-7　输入文字效果

（2）引导页二。

1）复制引导页一的图层，并结组。在引导页一的基础上制作引导页二，修改引导页一底图颜色渐变，由上至下绿白色 RGB(229,239,217)至浅绿色 RGB(90,174,64)。底图圆形为黄色 RGB(232,196,26)。删除多余元素，隐藏文字图层和底部指示器圆点图层，如图 5-3-8 所示。

2）将"蜂蜜""孕婴""服装"图标素材导入文件，放置在较大的 3 个白色圆形中，修改颜色为墨绿色 RGB(69,141,44)。并将"手机"和"搜索"素材导入文件，放置在底图背景大圆中，设置叠加颜色为白色，图层不透明度分别为 79%和 62%，如图 5-3-9 所示。

3）取消隐藏文字图层和底部指示器圆点图层。修改文字，并设置文字颜色为墨绿色 RGB(55,124,33)。修改指示器圆点中间为白色，不透明度为 100%，第一圆点不透明度为 54%，如图 5-3-10 所示。

图 5-3-8 底图效果

图 5-3-9 导入素材效果

图 5-3-10 引导页二效果

（3）引导页三。

1）复制引导页一的图层，并结组。在引导页一的基础上制作引导页三，修改引导页一底图颜色渐变，由上至下蓝白色 RGB(225,245,248)至蓝色 RGB(52,115,200)。底图圆形为蓝色 RGB(0,71,157)。删除多余元素，隐藏文字图层，如图 5-3-11 所示。

2）将"时间""二维码""购物屋"图标素材导入文件，放置在较大的 3 个白色圆形中，修改颜色为深蓝色 RGB(0,71,157)。并将"购物车"素材导入文件，放置在底图背景大圆中，设置叠加颜色为白色，图层不透明度为 79%，如图 5-3-12 所示。

3）取消隐藏文字图层。修改文字，并设置文字颜色为深蓝色 RGB(0,71,157)。使用"圆角矩形工具"绘制按钮，尺寸为 267px×80px，圆角为 6px，无描边，填充为白色。使用"文字工具"输入"立即体验"文字，字体"苹方 中等"，字体大小为 32px，颜色为深蓝色 RGB(0,71,157)，如图 5-3-13 所示。

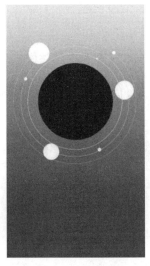

图 5-3-11　底图效果　　　　图 5-3-12　导入素材效果　　　　图 5-3-13　引导页三效果

任务拓展

依据本次任务设计要点，重新设计一套本项目的引导页，页数范围为 3～5 页。示例效果如图 5-3-14、图 5-3-15 所示。

图 5-3-14　设计风格 1

图 5-3-15　设计风格 2

任务小结

本任务介绍了新西兰 NAMEKIWI App 项目的引导页设计和制作方法。掌握以下 4 点内容。

（1）引导页主要作用是在用户首次打开 App 时能够快速地对产品做到初步定位。

（2）引导页的数目一般控制在 5 页以内。

（3）页面元素主要包括文字和图片，以及下方轮播点（最后一页替换为按钮）。

（4）页面布局方式一般采用从上至下的排列顺序，上方放置图片内容，下方为文字内容以及轮播点和按钮。

任务 4 首页设计

任务要点

要点 1：首页布局

电商购物类 App 的首页主要以商品分类及促销为主，通常是由状态栏、导航栏、内容区、标签栏构成。

（1）状态栏。为系统默认，只需预留出高度即可。

（2）导航栏。包含"扫一扫"按钮、搜索框、"消息"按钮 3 部分。

（3）内容区。从上到下可依次包含焦点广告区（包含 3～8 个 Banner 焦点图）、热门分类区（包含精品分类、新品上市、特价专区、热销商品 4 部分）、内容分类区（包含今日推荐、新品上市、特价专区、热销商品等）。

（4）标签栏。主要分为首页、分类、关于我们、购物车、我的 5 部分，选择标签式导航设计较为合适，选中状态的导航图标和文字需要与未选中状态加以区分。

首页原型图设计效果如图 5-4-1 所示。

要点 2：界面设计要求

本案例为新西兰 NAMEKIWI App 项目设计方案，需满足跨境购物方便、快捷、实用性好、交互合理、创意感强的设计主旨。在风格统一、功能合理、主题健康的前提下，可根据自身对跨境电商的认知和理解，创造性地设计界面和图标；色彩风格一致、布局合理，规范统一，保证交互效果良好、用户体验良好。

要点 3：界面内图标设计要求

图形：以符合 App 设计风格为基础，进行图标图形原创设计（线性图标与面性图标均可）。

色彩：以符合 App 设计风格为基础，进行图标配色设计。

字体：可用微软雅黑、苹方（图标所有字体需统一），字体大小自定。

图标比例规范：同一模块下图标设计尺寸应保持高度一致。

图标圆角规范：圆角应大小一致。

图标线宽规范：线条的宽度应保持一致。

图标尺寸规范：设计稿基于 iPhone 6 的尺寸 750px×1334px 进行设计。

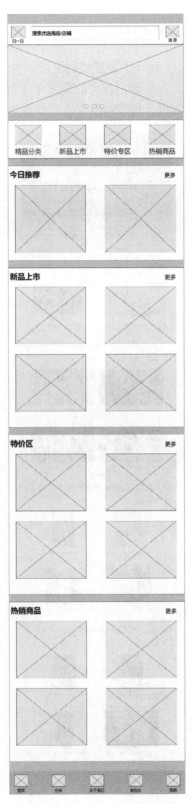

图 5-4-1 首页原型图设计效果

清晰大图

任务实现——首页制作

首页是整个 App 设计中最重要的页面，也是内容部分的第一个页面。以首页原型图的布局方式为基础，首页的最终设计效果如图 5-4-2 所示，现针对首页效果图中每一模块的设计规范与制作方法做具体介绍。

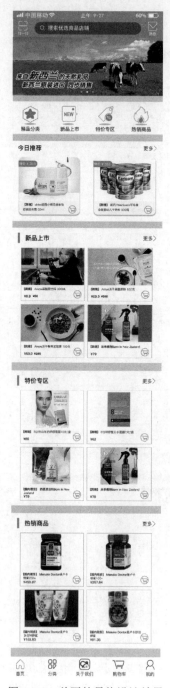

图 5-4-2　首页的最终设计效果

具体的制作步骤如下：

（1）打开 Photoshop，选择"文件"→"新建"命令，新建文件，文件尺寸的大小参考原型图的尺寸建立，即 750px×3243px，分辨率为 72ppi，颜色模式为 RGB，如图 5-4-3 所示。

图 5-4-3　新建文件参数

（2）将原型图导入文件中，参考原型图开始制作界面视觉效果图。

（3）状态栏。状态栏的尺寸为 750px×40px，使用"矩形工具"建立，背景色为橙黄色 RGB(243,152,1)，内容部分通过引入素材即可，不需自己绘制。将"状态栏.psd"素材导入后，状态栏效果如图 5-4-4 所示。

图 5-4-4　状态栏效果

（4）导航栏。导航栏原型如图 5-4-5 所示。导航栏的尺寸为 750px×88px，背景色为橙黄色 RGB(0,71,157)，使用"矩形工具"建立。

图 5-4-5　导航栏原型

（5）搜索框。搜索框的高度为 60px，宽度不做具体要求。使用"圆角矩形工具"绘制搜索框，添加黑色 RGB(0,0,0)，不透明度为 36%。搜索框内的图标和文字选用白色，可适当调整不透明度，字体大小为 26px。搜索图标，使用"椭圆工具"和"圆角矩形工具"绘制大小为 24px×24px 的放大镜造型图案。将搜索框内图层结组与导航底框图层水平居中，垂直居中对齐。搜索框效果如图 5-4-6 所示。

图 5-4-6　搜索框效果

（6）导航栏图标及文字。左右两侧导航栏图标的大小应绘制为 44px×44px，字体大小为

18px，颜色均为白色。

（7）扫一扫图标。使用"圆角矩形工具"，按住 Shift 键绘制圆角矩形，圆角为 6px，描边为 2px，大小为 44px×44px。使用"矩形工具"绘制高 12px、宽 55px 的矩形，将圆角矩形与矩形垂直居中对齐、水平居中对齐，使用路径选择工具，选择矩形并复制矩形，按 Ctrl+T 组合键垂直变换复制图形，填充图层图形为黑色，无描边，圆角矩形和矩形如图 5-4-7 所示。栅格化圆角矩形图层和矩形图层，选择圆角矩形图层，按 Ctrl 键同时单击矩形图形图层缩略图，调出选区，按 Delete 键删除，Ctrl+D 组合键取消选区，隐藏矩形图层，删除形状效果如图 5-4-8 所示。

图 5-4-7　圆角矩形和矩形

图 5-4-8　删除形状效果

（8）使用"矩形工具"绘制宽 2px、长 44px 的矩形，无描边，填充为白色。将矩形放置在圆角矩形的中心位置，扫一扫图标如图 5-4-9 所示。使用"文字工具"输入"扫一扫"文字，字体大小 18px，字体"苹方 中等"，文字效果如图 5-4-10 所示。

图 5-4-9　扫一扫图标

图 5-4-10　文字效果

（9）消息图标。使用"圆角矩形工具"，按住 Shift 键绘制圆角矩形，圆角为 6px，描边为 2px，大小为 44px×44px。使用"矩形工具"绘制高 18px、宽 22px 的矩形，将圆角矩形与矩形水平居中对齐，并放置在圆角矩形的右边上。栅格化圆角矩形图层和矩形图层，选择圆角矩形图层，按 Ctrl 键同时单击矩形图形图层缩略图，调出选区，按 Delete 键删除，Ctrl+D 组合键取消选区，隐藏矩形图层，删除矩形效果如图 5-4-11 所示。

（10）使用"矩形工具"绘制宽 2px、长 30px 的矩形，无描边，填充为白色。复制矩形图层。分别将矩形旋转 45°和−45°。矩形位置如图 5-4-12 所示。将矩形图层栅格化，使用"橡皮擦工具"硬边缘，擦除修饰，使用"文字工具"输入"消息"文字，字体大小 18px，字体为"苹方 中等"，最终效果如图 5-4-13 所示。

图 5-4-11　删除矩形效果

图 5-4-12　矩形位置

图 5-4-13　最终效果

（11）对导航栏元素进行位置调整，导航栏效果如图 5-4-14 所示。

图 5-4-14　导航栏效果

（12）内容区。内容区原型图与设计效果图对比及模块划分如图 5-4-15 所示。

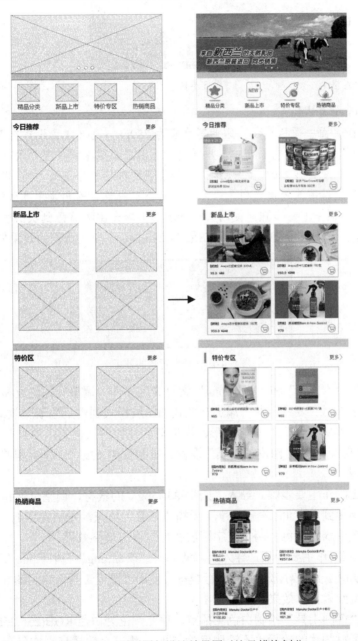

图 5-4-15　原型图与设计效果图对比及模块划分

小贴士：内容区规范。

内容区设置为浅灰色 RGB(238,238,238)背景，模块间的间距一般为 20~40px 之间（如果进行细分，大模块之前的间距为 30~40px 之间，小模块之间的距离为 20~30px 之间)，本页面属于大模块划分，因此采用 30px 的间距。

（13）Banner 模块。使用"矩形工具"绘制大小为 750px×284px 的矩形。Banner 图片素材 1、素材 2、素材 3 制作效果如图 5-4-16、图 5-4-17、图 5-4-18 所示。

图 5-4-16　素材 1　　　　　图 5-4-17　素材 2　　　　　图 5-4-18　素材 3

小贴士：Banner 模块规范。

Banner 模块在页面中通栏显示，因此宽度应为 750px，高度建议设置在 250~300px 之间。将 Banner 素材图片添加到当前画布中，并通过添加图层蒙版来统一显示尺寸。Banner 模块中的轮播点大小和间距没有具体的尺寸规范，但需设置两种样式分别表示所对应 Banner 图的显示和隐藏状态。本项目中的轮播点白色表示显示状态，白色半透明表示隐藏状态。

（14）素材 1 制作主要步骤。使用"渐变工具"填充由淡蓝色到灰白色再到白色渐变，RGB(204,219,226)，RGB(238,237,232)，RGB(247,245,246)，渐变背景的效果如图 5-4-19 所示。

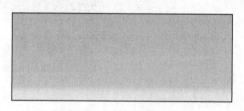

图 5-4-19　渐变背景的效果

（15）将"麦卢卡.png"和"蜂蜜.png"素材导入文件中调整文件位置和大小。使用"文字工具"输入文字，对"麦卢卡花"添加渐变叠加图层样式制作金色渐变效果。

（16）使用"椭圆工具"绘制椭圆形，添加渐变叠加图层样式，放置在文字和蜂蜜的后方，栅格化椭圆图层，使用"橡皮擦工具"设置不透明度和硬度，制作柔和的背景效果。最终得到素材 1 效果图。

（17）素材 2 制作主要步骤。导入"奶牛草场.jpg"的素材，调整位置和大小。使用"文字工具"输入文字得到文字 1，设置文字 1 无描边，蓝色填充。复制文字 1，调整文字大小，设置描边和填充颜色均为白色，两个文字图层叠加制作出最终效果。

（18）素材 3 制作主要步骤。导入"海滩.jpg""产品.png""树叶.png"素材，调整位置和大小，使用"模糊工具"对部分树叶进行模糊，使用"铅笔工具"绘制图标，使用"文字工具"输入文字，得到素材 3 效果。

（19）使用"椭圆工具"绘制白色轮播点，填充颜色为白色 RGB(255,255,255)，无描边。设置没有被显示素材图片的轮播点不透明度为 54%，将三个轮播点平均分布，并将轮播点结组，放置在 Banner 中间位置，效果如图 5-4-20 所示。

（20）分类模块。建立参考线，使 Banner 与分类模块间距为 30px，使用"矩形工具"绘制 750px×160px 的矩形，无描边，填充为白色 RGB(255,255,255)。使用"直线工具"绘制长

750px、高 1px 的直线，颜色为 RGB(229,229,229)。复制直线图层，分别放置于矩形的上下边缘处。

图 5-4-20　轮播点效果

小贴士：分类模块设计。

根据页面需求将分类模块的宽度设置为 750px，高度为 160px。为了突出分类模块，可在模块内上下边缘处分别添加一条高度为 1px 的分割线，通过建立参考线将分类模块水平方向划分为 4 部分，每一部分内添加对应的分类图标和文字内容。

（21）分类图标。使用"多边形工具"设置边数为 6，按住 Shift 键绘制正六边形，无填充，描边为黄色 RGB(243,152,1)，粗细为 2px。按 Ctrl+T 组合键调整六边形形状。使用"多边形工具"设置边数为 5，设置为平滑拐角和星形，绘制五角星，五角星填充为黄色 RGB(243,152,1)，无描边。使用"直接选择工具"选择锚点，调整五角星形状。如图 5-4-21 所示。

小贴士：分类图标设计。

分类图标大小没有具体规范，这里统一将其设计为 77px×80px。

（22）使用"椭圆工具"绘制椭圆，设置颜色为黄色 RGB(243,152,1)，无描边，不透明度为 60%。使用"文字工具"输入文字，设置字体为"苹方 中等"，字体大小为 24px，颜色灰黑色 RGB(51,51,51)，如图 5-4-22 所示。

精品分类

图 5-4-21　六边形和五角星效果　　　　　　图 5-4-22　精品分类图标

（23）新上市图标。使用"圆角矩形工具"绘制大小为 70px×75px、圆角为 8px 的圆角矩形，描边为 2px，颜色为黄色 RGB(243,152,1)，无填充。使用"多边形工具"绘制三角形，设置为平滑拐角，描边为 2px，颜色为黄色 RGB(243,152,1)，无填充，使用"直接选择工具"调整三角形形状。选择圆角矩形和三角形图层，右击选择"合并形状"命令，如图 5-4-23 所示。

（24）使用"文字工具"输入文字，字体 Arial、加粗，按 Ctrl+T 组合键调整字体。使用"椭圆工具"绘制图标内圆形和图标底部椭圆，底部椭圆设置不透明度为 60%，颜色均填充为黄色 RGB(243,152,1)。使用"文字工具"输入文字，设置字体为"苹方 中等"，字体大小为 24px，颜色灰黑色 RGB(51,51,51)，如图 5-4-24 所示。

图 5-4-23　合并后形状

图 5-4-24　新品上市图标

（25）特价专区图标。使用"圆角矩形工具"绘制 60px×38px、圆角为 4px 的圆角矩形，描边为 2px，颜色为黄色 RGB(243,152,1)，无填充。使用"多边形工具"绘制三角形，设置为平滑拐角，星形，缩进边依据 1%，平滑缩进，描边为 2px，颜色为黄色 RGB(243,152,1)，无填充。调整三角形位置和大小，选择圆角矩形和三角形图层，右击选择"合并形状"命令，按 Ctrl+T 组合键调整形状角度，如图 5-4-25 所示。

（26）使用"椭圆工具"绘制两个圆形，大小分别为 10px 和 43px。选择两个小圆和底图形状，右击选择"合并形状"命令。使用"路径选择工具"选择大圆，修改路径操作为"减去顶层形状"，如图 5-4-26 所示。

图 5-4-25　合并形状效果

图 5-4-26　合并圆效果

（27）使用"椭圆工具"绘制 33px×33px 圆形，无描边，颜色填充为黄色 RGB(243,152,1)。使用"文字工具"设置字体为"苹方 粗体"，字体大小为 21px，输入"%"，如图 5-4-27 所示。

（28）使用"椭圆工具"绘制图标底部椭圆，底部椭圆设置不透明度为 60%，颜色均填充为黄色 RGB(243,152,1)。使用"文字工具"输入文字，设置字体为"苹方 中等"，字体大小为 24px，颜色灰黑色 RGB(51,51,51)，如图 5-4-28 所示。

图 5-4-27　添加圆形效果

图 5-4-28　特价专区图标

（29）热销商品图标。导入图标设计稿，使用"钢笔工具"绘制火焰造型，描边粗细为 2px，颜色填充为黄色 RGB(243,152,1)，如图 5-4-29 所示。

（30）使用"椭圆工具"绘制图标底部椭圆，底部椭圆设置不透明度为 60%，颜色均填充为黄色 RGB(243,152,1)。使用"文字工具"输入文字，设置字体为"苹方 中等"，字体大小为 24px，颜色灰黑色 RGB(51,51,51)，如图 5-4-30 所示。

图 5-4-29　钢笔绘制效果　　　　　　图 5-4-30　热销商品图标

（31）今日推荐模块。使用"矩形工具"绘制 750px×3243px 的矩形，无描边，填充 20%的灰色 RGB(220,220,220)，放置于图层底层，作为界面背景颜色。使用"矩形工具"绘制 750px×392px 的矩形，无描边，白色 RGB(255,255,255)填充，绘制今日推荐模块。使用"直线工具"绘制长 750px、高 1px 的直线，颜色为 RGB(229,229,229)。复制直线图层，分别放置于矩形的上下边缘处。

小贴士：今日推荐模块设计。

今日推荐模块的宽度设置为 750px，高度可根据内容设置，背景为白色，同样在模块内上下边缘处分别添加一条高度为 1px 的分割线，与上一模块间距保持 30px。

（32）使用"文字工具"，分别建立"今日推荐"和"更多"文字，字体大小为 30px 和 24px，字体"苹方 粗体"和"苹方 常规"，颜色为灰黑色 RGB(51,51,51)。参考边距参考线，调整位置。

（33）使用"矩形工具"绘制 18px×1px 的矩形，填充灰黑色 RGB(51,51,51)，无描边。按 Ctrl+T 组合键，将矩形旋转 45°。复制矩形图层，再次按 Ctrl+T 组合键，将复制的图层垂直翻转，移动位置，组成箭头形状。合并两个矩形图层，参考边距参考线，调整位置。并与两个文字图层水平居中，如图 5-4-31 所示。

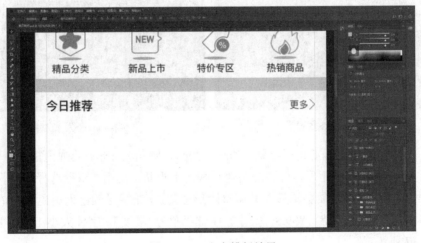

图 5-4-31　文字排版效果

（34）今日推荐内容区。将今日推荐模块的内容部分沿水平方向分为两部分，每一部分添加一种商品的信息，包含图片、价格、名称和购物车图标 4 部分。将图 5-4-32 所示图片素材添加到当前画布中，使用"圆角矩形工具"绘制 305px×280px、圆角 20px 的圆角矩形，颜色填充淡黄色 RGB(254,251,242)，无描边。复制圆角矩形图层，路径操作选择"减去顶层图形"，选择"矩形工具"在圆角矩形中下方绘制矩形，调整矩形位置，将导入的"今日推荐 1.jpg"素材放置在复制的圆角矩形上方，右击选择"创建剪贴蒙版"命令，如图 5-4-33 所示。

今日推荐 1　　　　　　今日推荐 2

图 5-4-32　今日推荐素材

图 5-4-33　剪贴蒙版效果

（35）选择圆角矩形图层，添加投影和外发光图层样式，投影颜色灰黑色 RGB(69,69,69)，不透明度 70%，大小 5px，距离 3px，投影参数设置如图 5-4-34 所示。外发光颜色为黄色 RGB(243,152,1)，不透明度为 72%，扩展 3px，大小 10px，外发光参数设置如图 5-4-35 所示。添加图层样式效果如图 5-4-36 所示。

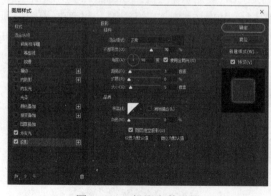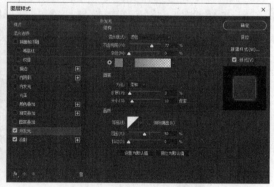

图 5-4-34　投影参数设置

图 5-4-35　外发光参数设置

（36）使用"圆角矩形工具"绘制 150px×30px、圆角为 15px 的圆角矩形。使用"矩形工具"绘制 50px×40px 的矩形，合并圆角矩形和矩形形状，使用"路径选择工具"选中矩形，将其路径操作选择为"减去顶层图形"，并调整矩形位置，填充图形颜色为黄色 RGB(243,152,1)。使用"文字工具"，输入"特价¥39.9"文字，字体"苹方 常规"，字体大小 16px。特价标签效果如图 5-4-37 所示。

图 5-4-36 添加图层样式效果   图 5-4-37 特价标签效果

（37）使用"文字工具"，输入文字，字体"苹方 常规"，字体大小 14px，颜色灰黑色 RGB(51,51,51)。使用"圆角矩形工具"绘制 34px×26px、圆角为 3px 的圆角矩形，并复制一个圆角矩形。使用"直接选择工具"调整圆角矩形造型，如图 5-4-38 所示。

（38）使用"椭圆工具"绘制两个 3px 直径的圆形，无描边，填充黄色 RGB(243,152,1)，再绘制一个 40px 直径的圆形，描边颜色为黄色 RGB(243,152,1)，无填充。调整圆位置和大小，购物车图标如图 5-4-39 所示。

（39）最终今日推荐内容 1 的效果如图 5-4-40 所示。

图 5-4-38 圆角矩形调整后造型   图 5-4-39 购物车图标   图 5-4-40 今日推荐内容 1 效果

（40）今日推荐内容 2 的制作方法和今日推荐内容 1 一样，今日推荐模块的最终效果如图 5-4-41 所示。

图 5-4-41 今日推荐模块的最终效果

（41）新品上市模块。使用"矩形工具"绘制 750px×658px 的矩形，无描边，白色

RGB(255,255,255)填充，绘制新品上市模块。使用"直线工具"绘制长 750px、高 1px 的直线，颜色为 RGB(229,229,229)。复制直线图层，分别放置于矩形的上下边缘处。

小贴士：新品上市模块设计。

新品上市模块的宽度设置为 750px，高度可根据内容设置，背景为白色，同样在模块内上下边缘处分别添加一条高度为 1px 的分割线，与上一模块间距保持 30px。

（42）使用"文字工具"，分别建立"新品上市"和"更多"文字，字体大小为 30px 和 24px，字体"苹方 粗体"和"苹方 常规"，颜色为灰黑色 RGB(51,51,51)。使用"矩形工具"绘制 10px×50px 的矩形色块，填充颜色为黄色 RGB(243,152,1)。参考边距参考线，调整位置，如图 5-4-42 所示。

图 5-4-42　新品上市文字效果

小贴士：新品上市标题设计。

标题前方可以通过绘制色块和图标增强视觉效果。

（43）使用"矩形工具"绘制 320px×260px 的矩形，无填充，描边为 1px，45%灰色 RGB(170,170,170)，并复制 3 个相同矩形，调整位置，如图 5-4-43 所示。

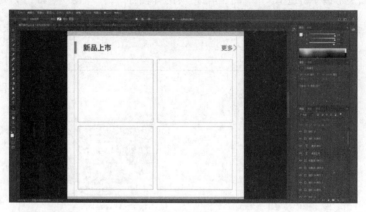

图 5-4-43　矩形布局

（44）使用"矩形工具"绘制 316px×200px 的矩形，无描边。再复制 3 个矩形，分别放在上一步建立的 4 个矩形中，调整位置，导入新品上市 4 个素材，如图 5-4-44 所示。分别与新建的矩形建立剪贴蒙版，调整位置和大小，如图 5-4-45 所示。

新品上市 1.jpg

新品上市 2.jpg

新品上市 3.jpg

新品上市 4.jpg

图 5-4-44　新品上市素材

图 5-4-45　素材剪贴蒙版效果

（45）使用"文字工具"，输入文字，字体"苹方 常规"，字体大小 14px，颜色灰黑色 RGB(51,51,51)。输入红色价格，字体"苹方 特粗"，字体大小 16px，颜色灰黑色 RGB(230,0,47)。输入黑色价格，字体"苹方 中等"，字体大小 14px，颜色灰黑色 RGB(0,0,0)。使用"矩形工具"绘制 24px×1px 的矩形，放置在黑色价格中间。调整字体位置，复制购物车图标，放置在内容区右下方，如图 5-4-46 所示。

（46）其他内容区域，制作方法相同，新品上市模块最终效果如图 5-4-47 所示。

（47）内容区的其他模块与新品上市模块的绘制方法基本相同，可根据设计美感自行设置图片大小与排列方式，如图 5-4-48 所示。

图 5-4-46 文字效果

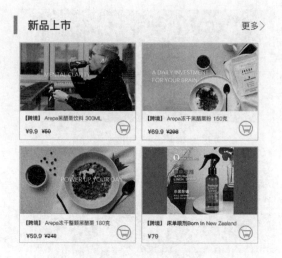

图 5-4-47 新品上市模块最终效果

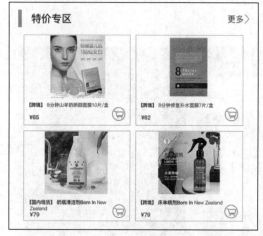

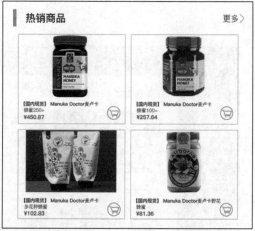

图 5-4-48 其他模块效果

（48）标签栏。标签栏原型图与设计效果图对比如图 5-4-49 所示。

图 5-4-49 标签栏与设计效果图对比

小贴士：标签栏设计。

标签栏的尺寸为 750px×98px，背景为白色，将标签栏沿水平方向划分为 5 部分，每一部分包含导航图标和导航文字。图标与文字间的距离没有具体要求，调整到合适位置即可。

（49）导航图标。首页图标制作。使用"圆角矩形工具"绘制 2px 倒圆角、30px×2px 的圆角矩形，无描边，填充黄色 RGB(243,152,1)。按 Ctrl+T 组合键，将矩形旋转 45°。复制矩形图层，再次按 Ctrl+T 组合键，将复制的图层垂直翻转，移动位置，组成屋顶形状。使用"圆角矩形工具"绘制 42px×25px、倒圆角为 4px 的圆角矩形，再次使用"圆角矩形工具"绘制 10px×22px、倒圆角为 6px 的圆角矩形，合并两个圆角矩形形状，并将最后绘制的圆角矩形的"路径操作"设置为"减去顶层形状"，然后"合并形状组件"，使用"直接选择工具"选择图形上倒圆角处锚点，删除路径，如图 5-4-50 所示。

小贴士：导航图标设计。

导航图标的大小应绘制为 50px×50px，选中状态为黄色，未选中状态为灰色。

（50）分类图标制作。使用"圆角矩形工具"绘制 18px×22px、圆角为 4px 的圆角矩形，复制 3 个圆角矩形，使用"删除锚点工具"选择右下角圆角矩形的右下角圆角锚点，删除，如图 5-4-51 所示。

（51）关于我们图标制作。使用"圆角矩形工具"绘制 50px×50px、20px 倒圆角的圆角矩形，无填充，描边颜色为灰黑色 RGB(51,51,51)。导入启动图标图案造型，如图 5-4-52 所示。

图 5-4-50　首页图标　　　图 5-4-51　分类图标　　　图 5-4-52　关于我们图标

（52）购物车图标。将内容模块的购物图标复制，删除外圆，调整购物车图形大小，修改颜色为灰黑色 RGB(51,51,51)，如图 5-4-53 所示。

（53）我的图标制作。使用"椭圆工具"分别绘制 31px×31px 和 42px×42px 的圆形，描边粗细为 2px，灰黑色 RGB(51,51,51)。使用"添加锚点工具"和"直接选择工具"修改大圆，调整位置，如图 5-4-54 所示。

图 5-4-53　购物车图标　　　　　　　图 5-4-54　我的图标

（54）导航文字。字体为"苹方 常规"，字体大小为 22px。选中状态为黄色 RGB(243,152,1)，未选中状态为灰黑色 RGB(51,51,51)。使用"文字工具"输入文字，标签栏效果如图 5-4-55 所示。

首页　　　　分类　　　关于我们　　　购物车　　　我的

图 5-4-55　标签栏效果图

任务拓展

（1）浏览设计网站，收集不同形式的首页，分析其页面结构及不同表现手法和特点。

（2）临摹图 5-4-56 所示的首页。

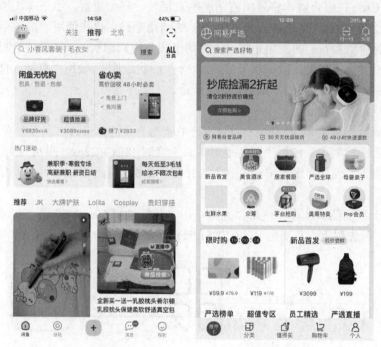

图 5-4-56 首页临摹（图片分别采编于"闲鱼"和"网易严选"App）

任务小结

本任务介绍了新西兰 NAMEKIWI App 项目的首页设计和制作方法。掌握以下 4 点内容：

（1）设计方案，需要满足 App 应用的功能，实用性好、交互合理、风格统一、功能布置合理、规范统一，用户体验良好。

（2）首页的界面布局由状态栏、导航栏、内容区、标签栏构成。了解了每个区域放置的内容，及其制作方法。

（3）界面内功能图标的设计在图形、风格、字体、色彩、倒圆角等方面要注意一致性。

（4）界面中图片处理要保持图片清晰，产品突出，可适当选择工具对图片进行压缩。

任务 5　分类页设计

任务要点

要点 1：商品分类页设计

点击 App 中的商品分类页功能入口，即可跳转到分类页。在设计分类页时，其状态栏、导航栏、标签栏与首页基本相同，只需要更改标签中导航的选中状态即可。

要点 2：商品分类页原型图

商品分类内容区主要由分类列表模块和商品展示模块组成，内容区的宽度为 750px，背景色为白色。具体布局参见如图 5-5-1 所示的原型图。

要点 3：分类列表模块设计

分类列表模块的宽度一般为 140～150px 之间，本页面采用 150px。为了与右侧商品展示模块的区分更明显，通常会在该模块的右侧添加一条宽 1px 的分割线。列表项分为未选中和选中两种状态。未选中状态：列表项高 100px，为了方便用户点击，每个列表项的下方制作时可以绘制一条高 1px 的分割线。 字体为"苹方中等"，字体大小为 24px，颜色为灰色。选中状态：高度和分割线参数不变，背景改为灰色，文字颜色切换为黄色，为了增强视觉效果，可在列表项前方绘制与文字颜色相同的色块，色块大小为 8px×99px。

要点 4：商品展示模块设计

商品展示模块内容部分与分类列表模块的间距为 20px，依据图 5-5-2 所示的结构划分，相对应的内容参数及操作如下：

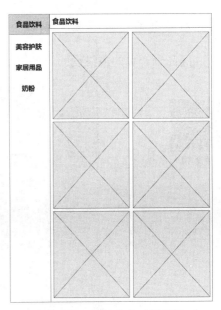

图 5-5-1　商品分类页原型图

（1）标题：字体"苹方 中等"，字体大小 24px，颜色为深灰色 RGB(51,51,51)。

（2）分割线：高 1px，浅灰色。

（3）展示项：划分为两列，其中商品内容区为 284px×310px，字体"苹方 中等"，字体大小 18px，颜色为深灰色 RGB(51,51,51)。

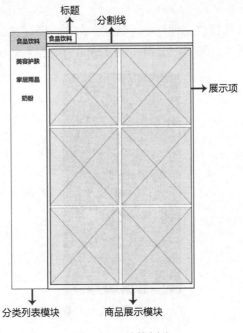

图 5-5-2　结构划分

任务实现——分类页制作

商品分类页的最终设计效果如图 5-5-3 所示。

清晰大图

图 5-5-3　商品分类页的最终设计效果

具体的制作步骤如下：

（1）打开 Photoshop，选择"文件"→"新建"命令，新建文件，文件尺寸的大小参考原型图的尺寸建立，即 750px×1100px，分辨率为 72ppi，颜色模式为 RGB，如图 5-5-4 所示。

图 5-5-4　新建文件参数

小贴士：画布尺寸。

画布宽度为 750px，高度根据具体制作时需要再调整画布高度。

（2）将原型图导入文件中，参考原型图开始制作界面视觉效果图。同时将状态栏、导航栏、标签栏内容导入文件中，调整画布大小，如图 5-5-5 所示。

（3）使用"矩形工具"分别绘制矩形 150px×100px，填充浅灰色 RGB(220,220,220)，无描边，矩形 8px×99px，填充黄色 RGB(243,152,1)，无描边。使用"文字工具"输入"食品饮料"文字，字体"苹方 中等"，24px，黄色 RGB(243,152,1)。复制 3 次文字图层，分别输入"美容护肤""家居用品""奶粉"，修改字体颜色为深灰色 RGB(51,51,51)。绘制参考线，每个文字模块间距 100px。使用"直线工具"绘制 100px 长、1px 高的直线，作为模块分割线，颜色为灰色 RGB(191,191,191)。使用"对齐"命令，将文字居中对齐。

（4）使用"矩形工具"绘制 750px 宽、1025px 长的矩形，填充白色 RGB(255,255,255)，无描边，作为商品分类页的背景。使用"文字工具"输入商品展示模块标题"食品饮料"，字体为"苹方 中等"，24px，深灰色 RGB(51,51,51)。使用"直线工具"绘制长 600px、宽 1px 的直线，颜色浅灰色 RGB(191,191,191)，如图 5-5-6 所示。

图 5-5-5　页面布局

（5）使用"矩形工具"绘制 600px×977px 的矩形，作为商品展示模块的背景，填充浅灰色 RGB(220,220,220)，无描边。使用"圆角矩形工具"绘制 284px×310px、圆角 40px 的圆角矩形，填充颜色为白色 RGB(255,255,255)，无描边。复制圆角矩形，分列排布，如图 5-5-7 所示。

图 5-5-6　文字效果

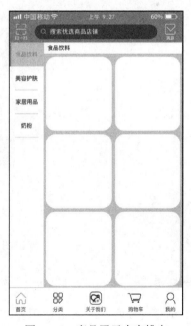

图 5-5-7　商品展示内容排布

（6）使用"矩形工具"绘制 227px×190px 的矩形，作为图片的统一蒙版。使用"文字工具"输入商品信息，字体"苹方 粗体"，字体大小 18px，颜色深灰色 RGB(51,51,51)。使用"圆角矩形工具"绘制 96px×32px、倒角 16px 的圆角矩形，填充颜色黄色 RGB(243,152,1)，作为价格底图。价格文字设置为：字体"苹方 特粗"，字体大小 18px，颜色深灰色 RGB(51,51,51)，如图 5-5-8 所示。

图 5-5-8　商品展示内容

（7）其他内容区，制作内容和方法与上述一样，最终效果如图 5-5-9 所示。

图 5-5-9　最终效果

任务拓展

（1）浏览设计网站或 App 应用界面，收集不同形式的 App 应用分类页，分析其页面结构及不同表现手法和特点。

（2）临摹图 5-5-10 所示的分类页。

图 5-5-10　分类页（图片分别采编于"唯品会"和"京东"App）

任务小结

本任务介绍了新西兰 NAMEKIWI App 项目的分类页设计和制作方法。掌握以下 3 点内容。
（1）分类页主要由分类列表模块和商品展示模块组成。
（2）页面制作时，参考原型图的设计进行视觉效果制作，需要注意分割线、图片、文字、图标等元素的排版，要统一、简洁。
（3）注意格式塔原理在制作时的应用。

任务 6　商品详情页设计

任务要点

要点 1：商品详情页设计

商品详情页是页面中最容易与用户产生共鸣的页面，详情页的设计可能会对用户的购买形为产生直接的影响。在设计商品详情页时，首先要保证商品的图片要清晰，其次对商品的信息描述要准确。

要点 2：商品详情页组成

商品详情页一般由状态栏、内容区和工具栏组成。其中内容区部分主要包括商品图片、文字以及下方的购物车部分,商品详情页原型如图 5-6-1 所示。

图 5-6-1　商品详情页原型

(1)图片部分。在商品详情页中,图片要尽可能大,因此往往会占据状态栏或其他按钮的空间,在图片部分主要包括状态栏、返回按钮、更多按钮和商品图片。

1)状态栏:根据图片颜色,状态栏信息需要执行反相和正片叠底命令,使素材能够清晰地呈现。

2)返回按钮和更多按钮:宽度和高度为 56px。

3)商品图片:宽度为 750px,高度为 750px。

(2)文字部分。文字部分主要包括商品描述、价格、销量、配送地址、服务等,字体大小通常在 20~30px 之间,其中重点信息可以通过加深颜色、变粗字体、变大字号进行着重显示。

(3)工具栏。工具栏包括收藏图标、购物车图标、“加入购物车”按钮和“立即购买”按钮 4 部分。

1)收藏图标和购物车图标。图标宽度和高度均为 44px,设计师可以自行绘制或使用相应的图标素材,其下面的描述文字,字体为“苹方 中等”,字体大小为 24px,颜色为浅灰色。

2)“加入购物车”按钮。宽度为 230px,高度为 88px,背景颜色为深灰色,按钮上的文字大小为 26px,字体为“苹方 中等”。

3)“立即购买”按钮。该按钮尺寸和“加入购物车”按钮相同。但颜色应该和“加入购物车”按钮有差异,通常以冲击力较强的色彩为背景色,这里应用导航主题颜色作为背景色。

任务实现——商品详情页制作

商品详情页的最终设计效果如图 5-6-2 所示。

商品详情页制作

图 5-6-2　商品详情页的最终设计效果

具体的制作步骤如下：

（1）打开 Photoshop，选择"文件"→"新建"命令，新建文件，文件尺寸的大小参考原型图的尺寸建立，即 750px×1334px，分辨率为 72ppi，颜色模式为 RGB，如图 5-6-3 所示。

（2）将状态栏内容和商品图片素材导入文件中，调整位置，使用"矩形工具"绘制 750px×750px 的矩形，作为蒙版统一图片大小。将商品图片执行剪贴蒙版命令，如图 5-6-4 所示。

图 5-6-3　文件参数

图 5-6-4　状态栏和图片效果

（3）使用"椭圆工具"绘制两个 56px×56px 的圆形，填充浅灰色 RGB(220,220,220)，无描边，不透明度为 35%。使用"自定义形状工具"绘制箭头，填充白色 RGB(255,255,255)，无描边。使用"椭圆工具"绘制 3 个 10px×10px 的小圆，填充白色 RGB(255,255,255)，无描边，如图 5-6-5 所示。

图 5-6-5　返回和更多按钮设计

（4）建立参考线，垂直 30px 和垂直 720px，确立与首页一样的页边距。

小贴士：页边距。

在制作页面时，应注意页边距尽量一致，也是保持界面统一的一个要素。

（5）使用"矩形工具"绘制 64px×20px 的矩形，无填充，描边颜色为红色 RGB(255,36,36)，"使用文字工具"输入文字，字体颜色红色 RGB(255,36,36)，字体"苹方 粗体"，字体大小 16px，如图 5-6-6 所示。

（6）复制上述矩形和文字图层，修改文字内容和文字颜色，颜色为紫色 RGB(230,84,252)。使用"文字工具"输入其他内容文字，如图 5-6-7 所示。

图 5-6-6　文字效果 1　　　　　　　　　　图 5-6-7　文字效果 2

（7）使用"矩形工具"绘制 230px×88px 的矩形，填充为深灰色 RGB(51,51,51)，无描边，使用"文字工具"输入"加入购物车"，字体"苹方 中等"，字体大小 26px，填充白色 RGB(255,255,255)。相同的制作方法制作"立即购买"按钮，背景矩形填充为黄色 RGB(243,152,1)。

（8）使用"多边形工具"绘制五角星，五角星参数设置如图 5-6-8 所示。设置无填充，描边粗细为 2px，颜色深灰色 RGB(51,51,51)。

（9）将购物车图标导入文件，调整大小。使用"文字工具"输入"收藏""购物车"，字体"苹方 常规"，字体大小 22px，颜色深灰色 RGB(51,51,51)。调整图标和文字位置，商品详情页最终效果如图 5-6-9 所示。

图 5-6-8　五角星参数设置

图 5-6-9　商品详情页最终效果

任务拓展

（1）浏览设计网站或 App 界面，收集不同形式的 App 的商品详情页，分析其页面结构及不同表现手法和特点。

（2）临摹图 5-6-10 所示的商品详情页。

图 5-6-10　商品详情页（图片分别采编于"美团"和"淘宝"App）

任务小结

本任务介绍了新西兰 NAMEKIWI App 项目的商品详情页设计和制作方法。掌握以下 3 点内容。

（1）商品详情页是直接影响用户购买行为的页面，因此页面首先要保证商品的图片要清晰，其次对商品的信息描述要准确。

（2）在商品详情页中，图片要尽可能大，因此往往会占据状态栏或其他按钮的空间。

（3）字体、按钮、图标设计制作时，充分考虑格式塔原理的应用。

任务 7　搜索页设计

任务要点

要点：搜索页设计

点击 App 导航中的搜索功能，即可跳转到搜索页面。在设计搜索页面时，其中状态栏与首页相同，需要更改导航栏中搜索框的大小和内容，隐藏不必要的功能。搜索页原型图如图 5-7-1 所示。

内容区的宽度为 750px，主要包含标题、历史搜索项、热搜项和清空历史搜索记录 4 部分，如图 5-7-2 所示。

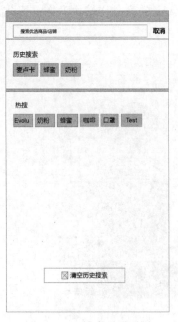

图 5-7-1　搜索页原型图

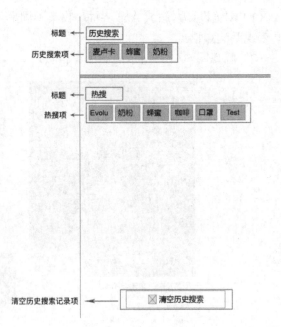

图 5-7-2　内容区布局

（1）标题。标题的字体为"苹方 中等"，字体大小为 30px。

（2）历史搜索项。历史搜索项中按钮的基本大小为 95px×64px，长度可根据字数多少来调整。背景为浅灰色。字体"苹方 中等"，字体大小为 28px，颜色为深灰色，各项之间的距离尺寸没有具体规范，结合视觉美观度做适当调整即可。

（3）热搜项。热搜项和历史搜索项设计一致。热搜项和历史搜索项之间添加 8px 高的分割线，浅灰色。

（4）清空历史搜索记录。该按钮的尺寸为 400px×65px，背景白色，有 2px 的描边框，该按钮中的图标大小可绘制为 30px×30px，文字大小和字体样式与历史搜索项中的相同，图标和文字均为深灰色。

任务实现——搜索页制作

搜索页的最终设计效果如图 5-7-3 所示。

具体的制作步骤如下：

（1）打开 Photoshop，选择"文件"→"新建"命令，新建文件，文件尺寸的大小参考原型图的尺寸建立，即 750px×1334px，分辨率为 72ppi，颜色模式为 RGB，如图 5-7-4 所示。

图 5-7-3　效果图　　　　　　　　　　　　图 5-7-4　文件参数

（2）将首页的状态栏和导航栏导入文件中。删除"扫一扫"和"消息"图标，调整搜索框长为 610px，高度不变为 60px。

（3）新建参考线，垂直分别为 30px 和 720px，与其他页边距一致。

（4）调整搜索框位置，使用"文字工具"输入"取消"文字，字体"苹方 中等"，字体大小 30px，白色 RGB(255,255,255)，效果如图 5-7-5 所示。

（5）使用"文字工具"输入"历史搜索"，字体"苹方 中等"，字体大小 30px，深灰色 RGB(51,51,51)。使用"圆角矩形工具"绘制 95px×64px、倒角 4px 的圆角矩形。使用文字工具输入"麦卢卡"文字，字体"苹方 中等"，字体大小 28px，深灰色 RGB(51,51,51)。其他文字内容制作和上述方法一样，如图 5-7-6 所示。

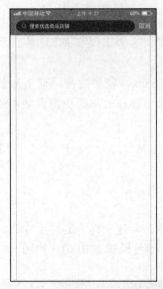

图 5-7-5　状态栏和导航栏效果　　　　　　图 5-7-6　文字效果

（6）使用"矩形工具"绘制 750px×80px 的分割栏，填充颜色灰色 RGB(220,220,220)，无描边。

（7）热搜区文字排版、格式和历史搜索区一致。修改文字，如图 5-7-7 所示。

（8）使用"矩形工具"绘制 400px×65px 的矩形，无填充，描边颜色深灰色 RGB(51,51,51)。使用"文字工具"输入"清除历史搜索"，字体"苹方 中等"，字体大小 28px，深灰色 RGB(51,51,51)。使用"圆角矩形工具"和"直线工具"绘制垃圾箱图标，描边粗细 2px，颜色深灰色 RGB(51,51,51)，如图 5-7-8 所示。

（9）调整清空历史搜索区位置，及页面其他元素位置，搜索页最终效果如图 5-7-9 所示。

图 5-7-7　热搜区效果

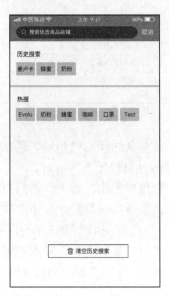

图 5-7-8　清空历史搜索区效果　　　　　　图 5-7-9　搜索页最终效果

任务拓展

（1）浏览设计网站或 App 应用界面，收集不同形式的 App 应用搜索页，分析其页面结构及不同表现手法和特点。

（2）临摹图 5-7-10 所示的搜索页。

图 5-7-10　搜索页（图片分别采编于"网易严选"和"京东"App）

任务小结

本任务介绍了新西兰 NAMEKIWI App 项目的搜索页设计和制作方法。掌握以下两点内容：

（1）搜索页制作时注意字体颜色、分割线、间隔区域颜色，避免颜色相近，影响文字识别度。

（2）字体、按钮、图标设计制作时，充分考虑格式塔原理的应用。

任务 8　搜索结果页设计

任务要点

要点 1：搜索结果页原型图

搜索完成后的页面称为搜索结果页，通常包含状态栏、导航栏和内容区，其中导航栏一般包含返回按钮、搜索输入框（输入框中的内容一般为搜索的关键字和删除搜索框内容的删除按钮），有的 App 设计中还包含消息按钮等，根据设计场景的不同可自行选择添加。内容区的上方通常会设置一个筛选栏，方便用户对搜索到的商品进行筛选，筛选栏下方即为搜索到的商品列表（包含商品图片和简要的信息描述），搜索结果页原型图如图 5-8-1 所示。

图 5-8-1　搜索结果页原型图

要点 2：搜索结果页设计

在搜索框中输入关键字进行搜索，App 会跳转到搜索结果页。搜索结果页通常用于排列搜索到的商品。在设计搜索结果页时，其状态栏、导航栏与首页基本相同，只需将"扫一扫"部分换成返回按钮并在搜索框中输入相应的关键字即可。

在原型图所示的搜索结果页中主要包含了筛选栏和商品展示两个部分。具体介绍如下：

（1）筛选栏。筛选栏主要用于筛选搜索到的商品，其宽度和高度没有具体要求。筛选栏的文字大小通常在 28～34px 之间。

（2）商品展示。商品展示部分指的是对包含所搜关键词商品的展现和陈列，由于手机界面较小，因此一排中展示的商品一船不超过 3 个，以便将商品清晰地呈现给消费者。

任务实现——搜索结果页制作

清晰大图

搜索结果页的最终设计效果如图 5-8-2 所示。

具体的制作步骤如下：

（1）打开 Photoshop，选择"文件"→"新建"命令，新建文件，文件尺寸的大小参考原型图的尺寸建立，即 750px×1334px，分辨率为 72ppi，颜色模式为 RGB，如图 5-8-3 所示。

（2）将首页的状态栏和导航栏导入文件中。将"扫一扫"图标删除，使用"直线工具"绘制返回箭头，绘制长 28px、高 2px 的直线，填充白色 RGB(255,255,255)，无描边，复制这条直线，两条直线分别旋转 45°和−45°，左端点对齐重合。再绘制长 43px、高 2px 的直线，填充白色 RGB(255,255,255)，无描边，对齐放置在原"扫一扫"图标的位置，如图 5-8-4 所示。

图 5-8-2　搜索结果页的最终设计效果

图 5-8-3　文件参数

（3）将页面背景修改为浅灰色 RGB(220,220,220)。使用"矩形工具"绘制长 750px、高 90px 的矩形，无描边，填充白色 RGB(255,255,255)。使用"文字工具"输入文字，字体为"苹方 常规"，字体大小 30px，颜色为深灰色 RGB(51,51,51)。使用"多边形工具"绘制三角形，填充颜色为深灰色 RGB(51,51,51)，无描边，如图 5-8-5 所示。

图 5-8-4　状态栏和导航栏效果

图 5-8-5　筛选栏效果

（4）使用"矩形工具"绘制 326px×440px 的矩形，作为商品展示区，再绘制 326px×342px 的矩形作为图片的统一蒙版。商品信息文字使用"文字工具"输入，字体"苹方 粗体"，字体大小 22px，颜色深灰色 RGB(51,51,51)。价格字体颜色为红色 RGB(255,0,0)。导入图片，如图 5-8-6 所示。

图 5-8-6　商品展示信息

（5）与其他商品信息制作方法一样，在页面下方输入"上拉加载更多"文字，字体"苹

方 粗体", 字体大小 18px, 颜色灰色 RGB(130,130,130)。搜索结果页最终效果如图 5-8-7 所示。

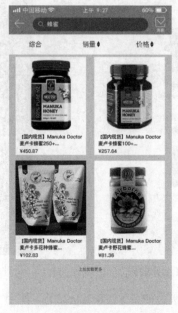

图 5-8-7　搜索结果页最终效果

任务拓展

（1）浏览设计网站或 App 应用界面, 收集不同形式的 App 应用搜索结果页, 分析其页面结构及不同表现手法和特点。

（2）临摹图 5-8-8 所示的搜索结果页。

图 5-8-8　搜索结果页（图片分别采编于"淘宝"和"唯品会"App）

任务小结

本任务介绍了新西兰 NAMEKIWI App 项目的搜索结果页设计和制作方法。注意以下两点内容。

（1）搜索结果页制作时应注意页边距，图片与图片之间的间距。

（2）字体、按钮、图标、图片设计制作时，应充分考虑格式塔原理的应用。

任务9 登录注册页设计

任务要点

要点：登录注册页布局

在浏览 App 过程中，当需要获取个人信息才能进行下一步功能操作时，需要用户先通过登录注册页登录该 App，登录注册页一般包含状态栏、导航栏和内容区。

（1）状态栏：为系统默认，只需预留出高度即可。

（2）导航栏：一般包含"取消"按钮、页面标题和"注册"按钮。

（3）内容区：从上到下依次包含用户名、密码、忘记密码、登录按钮、第三方登录入口、广告语等内容。

登录注册页原型图如图 5-9-1 所示。

图 5-9-1 登录注册页原型图

任务实现——登录注册页制作

登录注册页的最终设计效果如图 5-9-2 所示。

登录注册页制作

　　具体的制作步骤如下：

　　（1）打开 Photoshop，选择"文件"→"新建"命令，新建文件，文件尺寸的大小参考原型图的尺寸建立，即 750px×1334px，分辨率为 72ppi，颜色模式为 RGB，如图 5-9-3 所示。

图 5-9-2　登录注册页的最终设计效果　　　　　图 5-9-3　文件参数

　　（2）将首页的状态栏和导航栏导入文件中。导航栏的尺寸大小和背景与首页相同。删除导航栏中图标和文字，使用"文字工具"新建标题文字，"登录账号"字体"苹方 中等"，字体大小 34px，颜色白色 RGB(255,255,255)。按钮"取消""注册"，字体"苹方 中等"，字体大小 32px，颜色白色 RGB(255,255,255)。导航栏效果如图 5-9-4 所示。

　　小贴士：导航栏文字大小。

　　导航栏标题文字一般大小在 34～40px 之间，按钮文字不大于 32px。

　　（3）内容区。使用"矩形工具"绘制 750px×80px 的矩形输入框，背景灰色 RGB(229,229,229)，无描边。使用"文字工具"输入文字，字体"苹方 细体"，字体大小 30px，颜色黄色 RGB(243,152,1)。使用"椭圆工具"和"圆角矩形工具"绘制前方用户图标，调整图标大小为 32px×32px。使用"直线工具"绘制箭头图标，图标大小为 44px×44px。图标颜色均为灰色 RGB(112,112,112)，如图 5-9-5 所示。

图 5-9-4　导航栏效果　　　　　　　　　图 5-9-5　输入账户框效果

　　（4）输入密码框，制作方法与规范与输入账号框一致。使用"矩形工具"和"椭圆工具"绘制锁图标，使用"椭圆工具"绘制眼睛图标，图标颜色大小与输入密码框一致。使用"直线工具"绘制 1px、深灰色 RGB(51,51,51)的分割线。使用"文字工具"输入文字"忘记密码？"，字体"苹方 常规"，字体大小 28px，颜色灰色 RGB(125,125,125)，如图 5-9-6 所示。

　　（5）"登录"按钮。使用"圆角矩形工具"绘制 690px×80px、倒角为 8px 的圆角矩形，填充黄色 RGB(243,152,1)，无描边。使用"文字工具"输入文字，字体"苹方 中等"，字体大小 30px，白色 RGB(255,255,255)，如图 5-9-7 所示。

图 5-9-6　输入框区效果　　　　　　　　　　图 5-9-7　"登录"按钮

（6）使用"文字工具"输入第三方标题，字体"苹方 常规"，字体大小 28px，深灰色 RGB(51,51,51)。使用"直线工具"绘制 105px×1px 的直线，描边颜色深灰色 RGB(51,51,51)，无填充。复制直线，调整位置，如图 5-9-8 所示。

（7）导入第三方平台图标素材。"微信.png""QQ.png""新浪.png"，调整图标大小为 80px×80px。使用"椭圆工具"绘制更多图标，图标大小为 80px×80px，颜色浅灰色 RGB(153,165,186)，如图 5-9-9 所示。

图 5-9-8　第三方标题　　　　　　　　　　图 5-9-9　第三方平台图标

（8）登录注册页的最终效果如图 5-9-10 所示。

图 5-9-10　登录注册页的最终效果

任务拓展

（1）浏览设计网站或 App 应用界面，收集不同形式 App 的登录注册页，分析其页面结构及不同表现手法和特点。

（2）临摹图 5-9-11 所示的登录注册页。

图 5-9-11　登录注册页（图片分别采编于"天猫"和"蜂蜜拍"App）

任务小结

本任务介绍了新西兰 NAMEKIWI App 项目的登录注册页设计和制作方法。

（1）掌握登录注册页的布局。

（2）掌握制作时各元素尺寸参考规范。

（3）注意界面制作时字体、按钮、图标、图片，要充分考虑格式塔原理的应用。

任务 10　购物车页设计

任务要点

要点：购物车页布局

购物车页主要用于展示准备要购买的商品，不需要的可以进行删除，也可选择部分商品购买，通过用户的购买情况会在页面中计算出选中商品的总价格以及购买商品的种类，方便用户查看。在设计购物车时，要着重显示商品的价格、名称、数量以及编辑修改和结算功能，以方便用户进行修改和操作。同时在设计过程中要弱化"删除"按钮，隐藏到编辑按钮中。购物车页通常由状态栏、导航栏、内容区和标签栏构成。

（1）状态栏：为系统默认，只需预留出高度即可。

（2）导航栏：一般包含页面标题和"编辑"按钮。"编辑"按钮主要用于删除购物车中的产品（也可通过向左滑动商品列表进行删除）或修改产品的购买数量。

（3）内容区：主要包括商品信息和结算功能两部分，以便用户快速获取商品信息，进行编辑修改操作。先是分块展示商品信息，主要包含店铺名称、商品图片、商品名称、商品价格和购买数量，有时还包含"编辑"按辑，用于修改商品的型号、颜色、尺寸等。然后通过用户的购买情况在下方显示商品的总价格和购买商品的件数。

（4）标签栏：与首页设计效果相同（选中状态的导航图标和文字切换为"购物车"模块）。
购物车页原型图如图 5-10-1 所示。

图 5-10-1　购物车页原型图

任务实现——购物车页制作

购物车页的最终设计效果如图 5-10-2 所示。

清晰大图

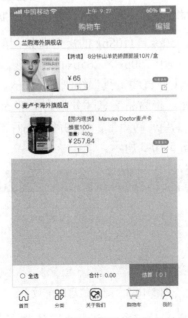

图 5-10-2　购物车页的最终设计效果

具体的制作步骤如下：

（1）打开 Photoshop，选择"文件"→"新建"命令，新建文件，文件尺寸的大小参考原型图的尺寸建立，即 750px×1334px，分辨率为 72ppi，颜色模式为 RGB，如图 5-10-3 所示。

（2）将首页的状态栏、导航栏和标签栏导入文件中。状态栏、导航栏、标签栏的尺寸大小和背景与首页相同。删除导航栏中图标和文字，使用"文字工具"新建标题文字，"购物车"字体"苹方 中等"，字体大小 34px，颜色白色 RGB(255,255,255)。按钮文字"编辑"的字体"苹方 中等"，字体大小 34px，颜色白色 RGB(255,255,255)。修改标签栏中图标的颜色，将首页图标颜色改为深灰色 RGB(51,51,51)，将购物车图标颜色修改为黄色 RGB(243,152,1)，如图 5-10-4 所示。

图 5-10-3　文件参数

图 5-10-4　状态栏、导航栏、标签栏效果

（3）使用"矩形工具"绘制 750px×1108px 的矩形背景，填充颜色灰色 RGB(220,220,220)，无描边。使用"矩形工具"绘制 750px×265px 的矩形，为商品信息区 1。填充白色 RGB(255,255,255)，无描边。使用"直线工具"绘制长 750px、宽 1px 的分割线，描边颜色为灰色 RGB(220,220,220)，无填充。将商品信息区分割为上部 58px、下部 207px 的两个区域。使用"矩形工具"绘制 170px×170px 的矩形，作为商品图片的统一蒙版，将商品图片导入文件，创建矩形的剪贴蒙版，如图 5-10-5 所示。

图 5-10-5　商品信息区 1 效果

（4）使用"文字工具"输入商品信息，字体"苹方 常规"，其中店铺信息文字为 26px，

商品信息文字为 24px，价格为 28px，数量为 22px，字体颜色除价格为红色 RGB (255,0,0)外其他均为深灰色 RGB(51,51,51)。

（5）使用"椭圆形工具"绘制大小为 22px×22px 和 19px×19px 的圆形，无填充颜色，描边颜色为黄色 RGB(243,152,1)。分别放置在店铺信息前和商品信息前。使用"圆角矩形工具"绘制 86px×26px、倒角为 4px 的圆角矩形，为数量框，如图 5-10-6 所示。

图 5-10-6　商品信息文字排布

小贴士：商品信息。

商品信息主要包括店铺名、商品图片、商品名、基本信息、价格和数量等。字体大小通常在 22~28px 之间，其中价格、数量等需着重显示。而页面中的商品数量和编辑按钮没有具体要求，调整至适合大小即可。

（6）使用"矩形工具"和"直线工具"绘制编辑按钮，描边 1px，颜色为灰色 RGB(151,151,151)。使用"圆角矩形工具"绘制 70px×22px、倒角为 11px 的文字标签，颜色填充为紫色 RGB (213,123,255)，无描边。使用"文字工具"输入标签内容，字体"苹方 常规"，颜色为白色 RGB(255,255,255)，字体大小 14px，如图 5-10-7 所示。

（7）商品信息区 2 的制作方法和规范与商品信息区 1 一致。修改商品图片和商品信息文字，如图 5-10-8 所示。

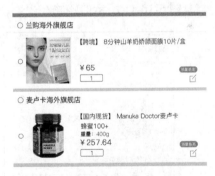

图 5-10-7　编辑图标和标签效果　　　　图 5-10-8　商品信息区效果

（8）结算区。使用"矩形工具"绘制 750px×88px 的矩形，填充颜色为白色 RGB(255,255,255)，描边颜色为深灰色 RGB(51,51,51)。再绘制 222px×88px 的矩形，填充颜色为黄色 RGB(243,152,1)，无描边，作为结算按钮。使用"文字工具"输入文字，字体"苹方 中等"，字体大小 24px,颜色为深灰色 RGB(51,51,51)，价格颜色为红色 RGB(255,0,0)。复制 22px×22px 的店铺信息前的圆形，放置在全选前边，如图 5-10-9 所示。

图 5-10-9　结算区效果

（9）调整页面内容，购物车页最终效果如图 5-10-10 所示。

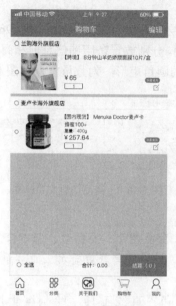

图 5-10-10　购物车页最终效果

任务拓展

（1）浏览设计网站或 App 应用界面，收集不同形式的 App 应用购物车页，分析其页面结构及不同表现手法和特点。

（2）临摹图 5-10-11 所示的购物车页。

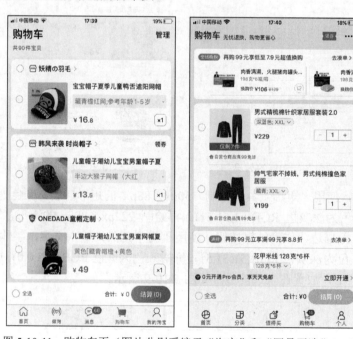

图 5-10-11　购物车页（图片分别采编于"淘宝"和"网易严选"App）

任务小结

本任务介绍了新西兰 NAMEKIWI App 项目的购物车页设计和制作方法。

（1）掌握购物车页的布局。

（2）掌握制作时各元素尺寸参考规范，并按照视觉美观进行调整。

（3）注意界面制作时的字体、按钮、图标、图片，要充分考虑格式塔原理的应用。

任务 11 订单结算页设计

任务要点

要点：订单结算页布局

当点击结算按钮后，界面会跳转到订单结算页。订单结算页是为了方便用户对购买商品的信息确认，如有不符可及时返回修改。订单结算页通常由状态栏、导航栏、内容区构成。其中状态栏、导航栏与首页基本相同，只需更改导航栏的界面即可。

（1）状态栏：为系统默认，只需预留出高度即可。

（2）导航栏：包含"返回"按钮和页面标题。

（3）内容区：主要包括收货人信息、所购商品的部分信息和配送方式信息、商品的总价格、商品的件数以及提交订单按钮（件数也可体现在提交订单按钮上）。联系人模块是指显示收货人的姓名、联系方式、地址等基本信息的模块。与商品信息和购物车页的商品信息类似，可以直接复制使用。在制作时删掉商品的数量和编辑图标进行重新排版，或按照原型图样式进行排版。工具栏包含商品的总价格以及提交订单按钮。其中商品价格可以运用红色着重显示，结算按钮和购物车页的结算按钮相同，可以直接复制使用。

订单结算页原型图如图 5-11-1 所示。

图 5-11-1 订单结算页原型图

任务实现——订单结算页制作

订单结算页的最终设计效果如图 5-11-2 所示。

订单结算页制作

图 5-11-2　订单结算页的最终设计效果

具体的制作步骤如下：

（1）打开 Photoshop，选择"文件"→"新建"命令，新建文件，文件尺寸的大小参考原型图的尺寸建立，750px×1334px，分辨率为 72ppi，颜色模式为 RGB，如图 5-11-3 所示。

（2）将首页的状态栏、导航栏导入文件中。状态栏、导航栏的尺寸大小和背景与首页相同。删除导航栏中图标和文字，使用"文字工具"新建标题文字，"订单结算"字体"苹方 中等"，字体大小 34px，颜色白色 RGB(255,255,255)。复制搜索结果页的返回箭头到文件中，填充背景页面颜色为浅灰色 RGB(220,220,220)，如图 5-11-4 所示。

图 5-11-3　文件参数

图 5-11-4　状态栏和导航栏效果

（3）使用"矩形工具"绘制 750px×188px 的矩形，填充颜色为白色 RGB(255,255,255)，

无描边。再绘制 12px×16px 的矩形，使用"直接选择工具"选中小矩形的下边缘锚点，移动，形成平行四边形，填充平行四边形颜色为浅粉色 RGB(248,217,212)，无描边。复制平行四边形，修改颜色为浅蓝色 RGB(170,217,241)，多次复制浅蓝色和浅粉色平行四边形，放置在上下边缘处，如图 5-11-5 所示。

（4）使用"文字工具"输入文字。字体"苹方 常规"，字体大小 28px，其中收货人、联系方式、收货地址的颜色需减淡，为浅灰色 RGB(102,102,102)，其余部分文字为深灰色 RGB(51,51,51)，如图 5-11-6 所示。

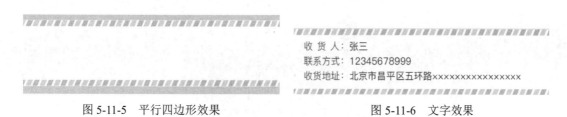

图 5-11-5 平行四边形效果　　　　　　　　　图 5-11-6 文字效果

（5）复制购物车页的商品信息到文件中。调整底框矩形大小为 750px×263px，将分割线调整到距离矩形底 71px 处。调整图片的蒙版矩形大小为 118px×118px。调整图片大小，建立剪贴蒙版。调整文字内容和位置，字体"苹方 常规"，字体大小 24px，字体颜色，深灰色 RGB(51,51,51)。其中"订单 1"为黄色 RGB(243,152,1)，价格字体大小为 28px，颜色为红色 RGB(255,0,0)，如图 5-11-7 所示。

（6）其他商品信息和上述设计排版一致，如图 5-11-8 所示。

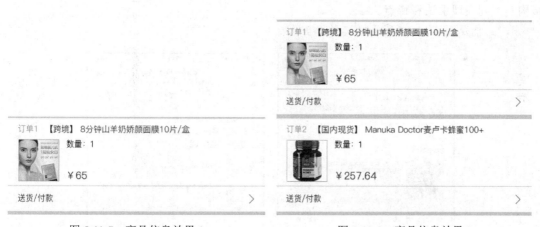

图 5-11-7 商品信息效果 1　　　　　　　　　图 5-11-8 商品信息效果 2

（7）复制购物车页的结算栏信息。删除多余文字，并修改文字内容，其中"合计"字体大小为 23px，红色价格字体大小为 28px，如图 5-11-9 所示。

图 5-11-9 结算栏效果

（8）订单结算页最终效果如图 5-11-10 所示。

图 5-11-10　订单结算页最终效果

任务拓展

（1）浏览设计网站或 App 应用界面，收集不同形式的 App 应用订单结算页，分析其页面结构及不同表现手法和特点。

（2）临摹图 5-11-11 所示的订单结算页。

图 5-11-11　订单结算页（图片分别采编于"淘宝"和"唯品会"App）

任务小结

本任务介绍了新西兰 NAMEKIWI App 项目的订单结算页设计和制作方法。

（1）掌握订单结算页的布局。

（2）掌握制作时各元素尺寸参考规范，并按照视觉美观进行调整。

（3）注意界面制作时的字体、按钮、图标、图片，要充分考虑格式塔原理的应用。

任务 12　个人中心页设计

任务要点

要点：个人中心页布局

针对电商类 App，用户中心页的主要用途是方便用户对收藏、订单等信息的查询或为信息查询提供相关入口。用户中心页通常由状态栏、导航栏、内容区和标签栏构成。

（1）状态栏：为系统默认，需预留出高度即可。

（2）导航栏：通常包含"消息"按钮和"设置"按钮，根据 App 功能可调整。

（3）内容区：从上至下主要包括用户头像、用户名、收藏信息、我的订单、我的钱包等，还可提供一些快捷方式入口，切换为"我的"模块。

（4）标签栏：与首页设计效果相同（选中状态的导航图标和文字切换为"我的"模块）。

个人中心页原型图如图 5-12-1 所示。

图 5-12-1　个人中心页原型图

任务实现——个人中心页制作

个人中心页的最终设计效果如图 5-12-2 所示。

清晰大图

图 5-12-2 个人中心页的最终设计效果

具体的制作步骤如下：

（1）打开 Photoshop，选择"文件"→"新建"命令，新建文件，文件尺寸的大小参考原型图的尺寸建立，即 750px×1334px，分辨率为 72ppi，颜色模式为 RGB，如图 5-12-3 所示。

图 5-12-3 文件参数

（2）将首页的状态栏、标签栏导入文件中，更改标签栏中选中状态，将"我的"图标修改为黄色 RGB(243,152,1)，"首页"图标修改为深灰色 RGB(51,51,51)。文件背景颜色填充为浅灰色 RGB(220,220,220)。建立边距为 30px 的参考线，如图 5-12-4 所示。

图 5-12-4　文件背景效果

（3）使用"矩形工具"绘制 750px×360px 的矩形，填充黄色 RGB(243,152,1)，无描边。再绘制 750px×130px 的矩形，填充白色 RGB(255,255,255)，无描边，不透明度设置为 11%。两个矩形底部对齐。将绘制好的"店铺收藏""商品收藏""关注品牌""我的足迹"素材图标导入文件中，调整大小为 50px×50px。使用"文字工具"输入图标名称，字体为"苹方　常规"，字体大小为 24px，字体颜色为白色 RGB(255,255,255)。使用"直线工具"绘制 1px×55px 的直线，填充颜色为白色 RGB(255,255,255)，不透明度为 50%。复制两条直线，将底部矩形水平方向平均分为 4 个部分。调整图标和文字位置，如图 5-12-5 所示。

小贴士：矩形高度依据内容需求确定。

图 5-12-5　收藏信息效果

（4）使用"椭圆工具"绘制 136px×136px 的圆形，作为用户头像的剪贴蒙版。将"动漫头像"素材图片导入文件中，创建圆形的剪贴蒙版。再分别绘制 152px×152px 的圆形，填充白色 RGB(255,255,255)，不透明度为 20%；170px×170px，填充白色 RGB(255,255,255)填充，不透明度为 18%。3 个圆形居中对齐。使用"文字工具"输入户用昵称，字体为"苹方　中等"，字体大小为 30px，如图 5-12-6 所示。

图 5-12-6　用户头像效果

　　（5）使用"矩形工具"绘制 750px×214px 的矩形，填充白色 RGB(255,255,255)，无描边。使用"直线工具"绘制 750px×1px 的分割线，浅灰色 RGB(220,220,220)，分割线距离矩形顶部为 60px。

　　（6）将"我的订单图标""待收货图标""待付款图标""待评价图标""退换货图标"素材导入文件中，其中调整"我的订单图标"大小为 34px×34px，其他图标大小调整为 70px×70px。使用"文字工具"输入图标名称，"我的订单"字体为"苹方 中等"，字体大小为 28px，深灰色 RGB(51,51,51)。"查看全部订单"字体为"苹方 中等"，深灰色 RGB(51,51,51)，字体大小为 26px。"待收货""待付款""待评价""退换货"文字字体为"苹方 常规"，深灰色 RGB(51,51,51)，字体大小为 26px。

　　（7）"使用直线工具"绘制 1px×55px 的分割线，颜色为浅灰色 RGB(220,220,220)，复制两条分割线，将底部水平方向平均分为 4 个部分，调整图标和文字位置。使用"直线工具"绘制箭头图标，线条粗细为 1px，颜色为深灰色，箭头图标大小结合界面美观度自行调整，如图5-12-7 所示。

图 5-12-7　我的订单栏效果

　　（8）"我的钱包"栏所对应的图标、文字参数与"我的订单"栏相同，制作方法一致。其中"500""600"等数字字体为"苹方 特粗"，字体大小为 28px，颜色为深灰色 RGB(51,51,51)，如图 5-12-8 所示。

图 5-12-8　我的钱包栏效果

　　（9）使用"矩形工具"绘制 750px×300px 的矩形，填充白色 RGB(255,255,255)，无描边。使用"直线工具"绘制 750px×1px 的分割线，浅灰色 RGB(220,220,220)，复制 3 条分割线，将矩形垂直方向平均分为 5 个部分。

（10）快捷方式栏。将"在线客户服务图标""限时秒杀活动图标""母婴用品专场图标""手机快速充值图标"素材导入文件中，调整图标大小为 40px×40px。使用"文字工具"输入图标的名称，字体为"苹方 常规"，字体大小为 30px，颜色为深灰色 RGB(51,51,51)。复制"我的钱包"栏右边的箭头图标，分别放置在每行后边，调整文字、图标、箭头图标位置，如图 5-12-9 所示。

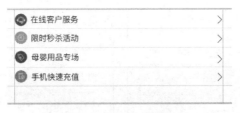

图 5-12-9　快捷方式栏效果

（11）整体上调整文字、图标位置，个人中心最终效果如图 5-12-10 所示。

图 5-12-10　个人中心最终效果

任务拓展

（1）浏览设计网站或 App 应用界面，收集不同形式的 App 应用个人中心页，分析其页面结构及不同表现手法和特点。

（2）临摹图 5-12-11 所示的个人中心页。

图 5-12-11 个人中心页（图片分别采编于"山姆"和"网易严选"App）

任务小结

本任务介绍了新西兰 NAMEKIWI App 项目的个人中心页设计和制作方法。

（1）掌握个人中心页的布局。

（2）掌握制作时各元素尺寸参考规范，并按照视觉美观进行调整。

（3）注意界面制作时的字体、按钮、图标、图片，要充分考虑格式塔原理的应用。

项目六　新西兰 NAMEKIWI App 项目设计交付文档

移动端设备屏幕的尺寸是各种各样的，分辨率也有很多，因此在设计界面时，不可能每个分辨率都出一个对应的设计稿。这时就可以设计一个设计基准图，通过比例换算关系去适配不同分辨率。本项目将通过新西兰 NAMEKIWI App 项目的交付文档制作，详细介绍移动端适配的相关技巧。

知识目标：
- 知界面调整的步骤和方法。
- 知标注的作用以及标注的内容。
- 知切图的目的以及要切的内容。

技能目标：
- 能运用软件对设计基准图进行适配改版。
- 能运用软件对设计基准图进行标注。
- 能运用软件对设计基准图进行切图。

素质目标：
- 培养综合应用能力。
- 培养严谨的工作作风。
- 培养团队沟通协作能力。

任务 1　设计适配

任务要点

要点 1：设计基准选择

目前，移动端系统主要以 Android 和 iOS 为主，由于 Android 平台的差异化越来越大，在 UI 设计中通常以 iOS 为基准，以此去适配其他手机，可以降低设计成本，提高开发速度。因此，大家主要掌握 iOS 设计适配方法。

设计基准选择是指挑选当前主流的手机屏幕分辨率作为设计适配标准。摒弃一些非主流甚至已经淘汰的手机屏幕尺寸。如图 6-1-1 所示，目前一般以 iOS 主流分辨率 750px×1334px 进行设计，像素倍率为@2x，因为它的尺寸向上或向下适配时，界面调整幅度最小，偏差不会太大，视觉比例也不会出现太大问题。而且与 Android 版本 720px×1280px 的尺寸相近，甚至屏幕密度也是相近的，所以只需做最小的设计调整。因此，iPhone 6/7/8 的 750px×1334px 是最适合基准尺寸。本项目也是使用 iOS 750px×1334px 做基准尺寸的。

图 6-1-1　iOS 的主流分辨率尺寸

要点 2：设计基准图

设计基准图是指按照选择的主流分辨率设计出来的界面，该界面可以适配多个屏幕尺寸。

（1）设计基准图注意事项。按照 iOS 主流分辨率 750px×1334px 进行的设计基准图，除了图片外，其余部分需要用形状工具来做，以方便后期其余版本的调整。将图片转为智能对象，进行放大拉伸，只要不超过原有尺寸便不会失真。设计完成后，在设计基准图上进行标注和输出切图。

（2）界面调整。

1）适配 Android 界面。开发团队出于节省人力、时间等原因考虑，一般以 iOS 设计基准图为主导，适当调整绘制好的设计基准图，应用于 Android 平台中。花瓣 App 在 iOS 和 Android 平台的显示样式，如图 6-1-2 所示。

（a）iOS 平台　　　　　　（b）Android 平台

图 6-1-2　花瓣 App 的显示样式

适配 Android 界面有如下 5 个步骤。

①设计基准选择 Android 主流设计界面尺寸为 720px×1280px。

②设置界面结构中栏的尺寸（如状态栏高度为 50px、导航栏高度为 96px、标签栏高度为 96px）。

③设置两边边距（边距尺寸一般为 24～30px）。

④把 iOS 设计基准图页面中的元素拖放到 Android 界面中，将页面元素调整到恰当的位置，并调整元素间的间距为偶数。

⑤将字体改为"思源"即可。

2）适配 Plus 界面。iOS 中像素倍率不同，栏的高度也有所不同。例如，iPhone 7 的屏幕分辨率为 750px×1334px，状态栏高度为 40px、导航栏高度为 88px、标签栏高度为 98px。而 iPhone 7 Plus 屏幕分辨率是 1080px×1920px，但是设计时要以 1242px×2208px 的基准去进行设计。状态栏高度为 60px、导航栏高度为 132px、标签栏高度为 146px。iPhone 7 和 iPhone 7 Plus 界面对比如图 6-1-3 所示。

（a）iPhone 7　　　　　　　（b）iPhone 7 Plus

图 6-1-3　iPhone 7 和 iPhone 7 Plus 界面对比

在界面上调整栏内部元素，内容区域也要进行重新调整。而图片需要单独适配，iPhone 7 Plus 是 iPhone 7 的 1.65 倍。需要在原图的高度上乘以 1.65 才是 Plus 的正确高度，但是位图一般放大会发虚，所以适配的图片最好以大尺寸去适配小尺寸。

3）自动适配。自动适配是在设计基准图适配时需要注意文字流式和控件问题。文字流式和控件都是页面框架结构确定好后，文字根据屏幕的尺寸自动适应排列，图 6-1-4 所示为 iPhone 7 和 iPhone 7 Plus 内容显示，红框标识为自动适配的内容。屏幕尺寸越大，显示的内容就会越多，充分发挥了大屏幕的优势。

（a）iPhone 7　　　　　（b）iPhone 7 Plus

图 6-1-4　iPhone 7 和 iPhone 7 Plus 内容显示

任务实现——设计适配

　　根据本项目实例的需求，明确 iOS 改版到 Android 系统中分辨率尺寸有所不同。除了栏的不同，其余页面元素基本一致。其中 iOS 设计基准图以 750px×1334px 进行设计，而改版适配到 Android 的尺寸应为 720px×1280px。在 iOS 中字体为"苹方"，而改版到 Android 系统中则要换为"思源"字体。除此之外，所有数据改版适配到 Android 系统中，保证元素间的间距为偶数。适配效果如图 6-1-5 所示。

图 6-1-5　适配效果

具体的制作步骤如下：

（1）打开 Photoshop CC 2018，按 Ctrl+N 组合键，在"新建"对话框中设置名称为登录页改版适配到安卓系统，宽度为 720px，高度为 1280px，分辨率为 72ppi，颜色模式为 RGB颜色，背景内容为白色。单击"确定"按钮，完成画布的新建，如图 6-1-6 所示。

（2）依次按 Alt 键、V 键和 E 键分别新建垂直位置为 24px 和 696px 的参考线。

（3）拖放"Android 状态栏.png"到"登录页改版适配安卓系统"文件中，使用"形状工具"绘制 Android 状态栏为 720px×50px，无描边，填充黄色 RGB(243,152,1)。调整状态栏元素位置和大小，如图 6-1-7 所示。

图 6-1-6　设置参数

图 6-1-7　状态栏效果

（4）使用"形状工具"绘制 Android 导航栏为 720px×96px，无描边，填充黄色 RGB(243,152,1)，命名该图层为"导航栏"。

（5）打开保存成功的 iOS 的"登录注册页"文件，并将元素拖放到"登录页改版适配到安卓系统"文件中，如图 6-1-8 所示。

图 6-1-8　导入元素效果

（6）删除 iOS 的"登录注册页"文件中状态栏和导航栏等不必要的图层。

（7）将文字字体全部换为"思源"字体。导航栏字体为"思源-Medium"，"用户名"和"密码"栏字体为"思源-Light"，"忘记密码?"字体为"思源-Regular"，"登录"字体为"思源-Medium"，"使用合作伙伴账号登录"字体为"思源-Light"。

（8）调整输入框和分割线的宽度尺寸为 720px。

（9）调整导航栏和输入框中的图标和文字。将"导航栏"和"输入框"图层上的图标与文字分别与导航栏和输入框进行水平居中和垂直居中对齐，放置到左右侧参考线内，如图 6-1-9 所示。

（10）依次按 Alt 键、V 键和 E 键设置参考线垂直位置为 360px，将"使用合作伙伴账号登录"内容调整到相对居中的位置，如图 6-1-10 所示。

图 6-1-9　调整字体和对齐效果

图 6-1-10　将"使用合作伙伴账号登录"内容居中

（11）将元素间的间距调整为偶数，如图 6-1-11 所示。

图 6-1-11　间距为偶数

（12）至此，"登录页改版适配到安卓系统"文件完成，和 iOS 对比图如图 6-1-12 所示，最后将文件保存到指定文件夹。

（a）Android　　　　　　　　　（b）iOS

图 6-1-12　对比图

任务拓展

根据本任务知识内容，完成新西兰 NAMEKIWI App 项目其他页面的改版适配任务。图 6-1-13 为订单结算页的 Android 版和 iOS 版的对比效果。

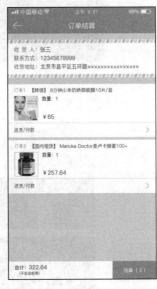

（a）Android　　　　　　　　　（b）iOS

图 6-1-13　订单结算页对比效果

任务小结

本任务介绍了新西兰 NAMEKIWI App 项目的登录页设计适配 Android 系统界面的方法。

掌握以下 4 点内容。

（1）iOS 界面设计选择 750px×1334px 尺寸界面为设计基准。

（2）iOS 界面适配 Android 系统界面的方法和步骤。

（3）iOS 设计基准界面适配 Plus 界面的方法。

（4）在适配 Android 系统界面时将字体改为"思源"字体，元素间的间距调整为偶数。

标注

任务 2 标注

任务要点

要点 1：认识标注

在设计基准图完成后，UI 设计师需要和前端工程师进行交接，为了保证设计基准图与前端工程师书写出来的效果一致，就需要对设计基准图进行标注。

标注含义是标示注记。需要将整个界面中关键元素的相关参数标注出来，前端工程师会参照标注图进行书写，相当于给前端工程师一条清晰的编程路线，力求最终实现效果与设计基准图一致。图 6-2-1 为标注图。

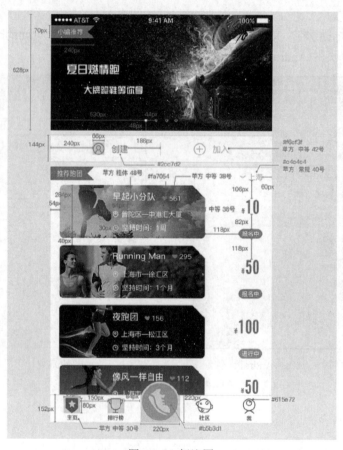

图 6-2-1 标注图

要点 2：标注内容

在标注页面时，把页面可以想象为不同大小的块元素，先将大体的框架标注。在一份设计稿中，需要标注的内容包含元素的宽和高、模块与模块间的距离、元素与元素间的距离、线条颜色值和纯色块颜色值、文字字体和字体大小以及文字颜色。需要遵循符合工程师的开发逻辑，将复杂的页面合理划分，信息尽量不要挤在一起。

要点 3：标注方法

使用 PxCook 标注法。直接把需要标注的 PSD 文件拖放到 PxCook 中，PxCook 将会在工具内解析 PSD 文件，使用智能标注可以通过简单的点、选、拖、放就可以对设计元素的尺寸、元素距离、文字样式、颜色等进行标注。通过智能标注得到的标注信息，不仅会随着设计基准的变化自动更新，还可修改已经标注好的数值，避免因为误差而重新修改设计基准图。

任务实现——标注登录页面

根据本项目实例的需求，明确要进行标注的元素，可以从标注方法和标注内容等方面分析实例。标注方法有多种，本实例使用 PxCook 软件进行手动标注，也是对设计基准图进行再次查漏补缺。标注的内容包含元素宽和高，模块与元素之间的距离，线条和色块色值，以及文字字号和字体、字体颜色等。登录页面标注如图 6-2-2 所示。

清晰大图

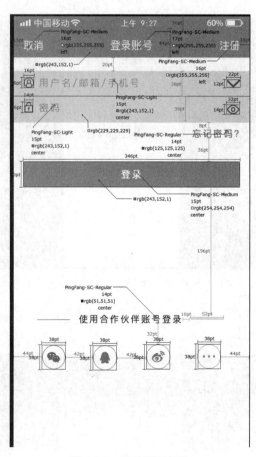

图 6-2-2　登录页面标注

具体的制作步骤如下：

（1）打开 PxCook，如图 6-2-3 所示，接着单击"创建项目"按钮。

（2）设置创建项目的名称和使用平台，单击"创建项目"按钮，如图 6-2-4 所示。

图 6-2-3　打开 PxCook　　　　　　　　　　　图 6-2-4　创建项目信息

（3）单击"添加"按钮载入文件，或直接将"登录页.psd"文件拖放到 PxCook 中，如图 6-2-5 所示。

图 6-2-5　使用 PxCook 打开登录页面

（4）选中想要标注的内容，可以选择智能标注的尺寸、文本或区域进行标注，如图 6-2-6 所示，红框为智能标注的图标。

图 6-2-6　选择内容进行智能标注

（5）选择 PxCook 中其余工具进行手动标注，如图 6-2-7 所示。

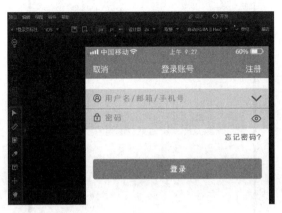

图 6-2-7　手动标注工具

（6）设置标注的其他参数，如图 6-2-8 所示。

图 6-2-8　设置标注的其他参数

（7）修改已经标注好的数值，避免因为误差而重新修改设计基准图，如图 6-2-9 所示。

图 6-2-9　修改标注数值

（8）选择"标注距离"工具，将页面的布局层进行标注，如图 6-2-10 所示。

图 6-2-10　标注页面布局层

（9）选择"标注距离"工具，修改颜色为绿色。标注模块与模块的距离，元素与元素间的距离，如图 6-2-11 所示。

（10）选择"智能标注"，选中需要进行标注的区域内容，然后单击"生成区域标注"按钮，会在页面中自动生成标注，设置轮廓颜色为蓝色，填充为无，如图 6-2-12 所示。

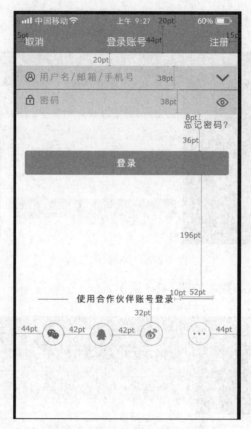

图 6-2-11　标注模块元素间的距离

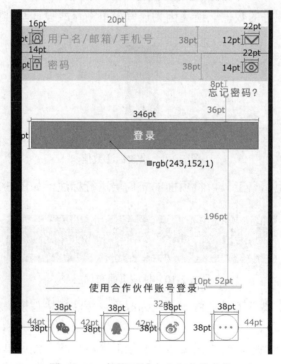

图 6-2-12　标注区域大小和色块色值

（11）单击需要修改的数值，解决设计基准图的遗留问题，如图 6-2-13 所示。

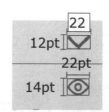

图 6-2-13 修改数值

（12）选择"智能标注"，选中需要进行标注的文字，再次单击"生成文本样式标注"工具，自动生成标注，设置颜色为黑色，如图 6-2-14 所示。

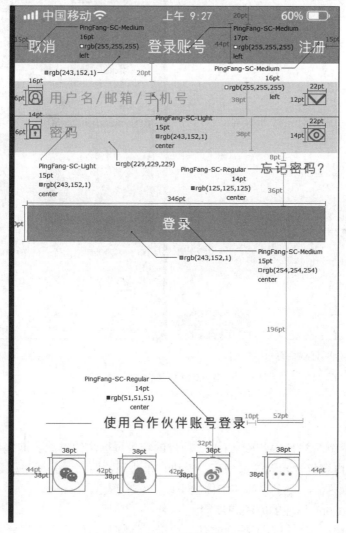

图 6-2-14 标注文字

（13）至此，标注登录页已完成。选择"保存项目"命令，将扩展名为.pxc 格式的源文件保存到指定文件夹，或选择"导出标注图"命令，导出.png 格式图片。

任务拓展

根据本任务知识内容，完成新西兰 NAMEKIWI App 项目其他页面的切图任务。图 6-2-15 为订单结算页和搜索结果页的标注内容示例。

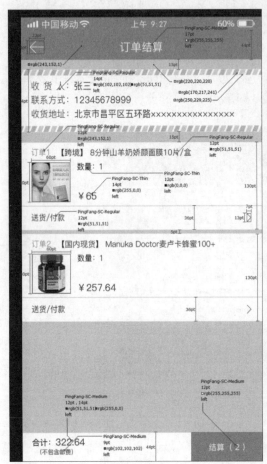

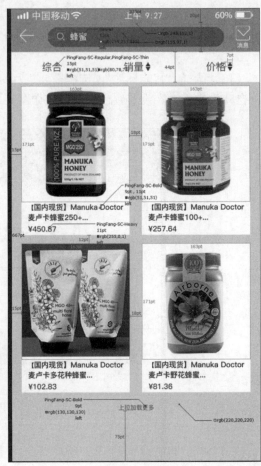

（a）订单结算页　　　　　　　　　　　（b）搜索结果页

图 6-2-15　标注图

任务小结

本任务介绍了新西兰 NAMEKIWI App 项目的登录页标注的方法。掌握以下 3 点内容。

（1）标注的内容包含元素的宽和高、模块与模块间的距离、元素与元素间的距离、线条颜色值和纯色块颜色值、文字字体和字体大小以及文字颜色。

（2）使用 PxCook 标注的方法和步骤。

（3）标注时需要遵循符合工程师的开发逻辑，将复杂的页面合理划分，信息尽量不要挤在一起。

任务 3　切图

切图

任务要点

要点 1：认识切图

切图是为了方便前端工程师书写代码，保证切图能够满足前端工程师对设计基准图高保真还原的需求。切图也是体现一个设计师专业水准的重要标准。

切图是指将设计基准图切成便于前端工程师书写代码时所需的图片。移动端界面中某些单独的元素需要添加交互效果时，就需要单独切出，并切出适配不同分辨率下的尺寸大小。切图是 UI 设计师最重要的设计输出物，精准的切图可以最大限度地还原设计基准图，起到事半功倍的效果，图 6-3-1 为@2x 和@3x 的切图。

图 6-3-1　@2x 和@3x 的切图

要点 2：切图内容

移动端切图内容包含所有图标、控件。只要是添加交互效果，以及代码书写比较困难的小图标都需要进行切图，图 6-3-2 为需要切图的内容。具体切图内容可以跟前端工程师进行沟通，以前端工程师的需求进行切图。例如，标签栏的图标可以单独被切出，也可以和文字一起切出。文字用代码进行书写，前端工程师工作量大一些，但是图标和文字一起切出，进行整体适配，文字可能会模糊。

图 6-3-2　切图内容

要点 3：切图方法

（1）图层命名法。在 Photoshop CC 2018 中，选中要切图的图层进行修改名称，扩展名为@2x.png 或@3x.png，如图 6-3-3 所示。记住源文件保存路径的位置，然后选择"文件"→"生成"→"图像资源"命令可以完成切图。在源文件所在的位置寻找名为 assets 的文件夹，就可以找到所切的切图。这种切图命名方法繁琐又费事，所以一般使用第三方软件进行切图。

图 6-3-3　图层命名法

（2）使用 PxCook 切图法。切图时需要通过和 Photoshop CC 2018 中进行远程连接，PxCook 以浮窗形式进行切图。

1）开启 Photoshop CC 2018 后，打开需要切图的 PSD 文件，设置首选项中的"增效工具"，选择"启用远程连接"选项，输入 6 位数密码，如图 6-3-4 所示。

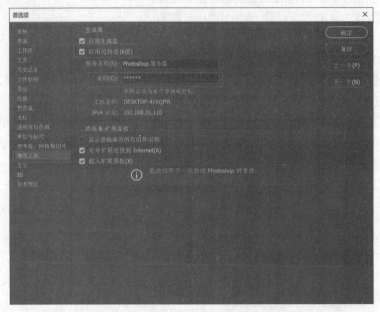

图 6-3-4　启用远程连接

2）打开 PxCook，单击右上角的切图工具，输入设置好的 6 位数密码，单击"开始使用"按钮，如图 6-3-5 所示。

3）根据设计基准图，选择类型是 Web、iOS 还是 Android。选中所需切图的图层或组进行切图，图 6-3-6 红框标识为可设置的设计基准图类型、切图输出和保存路径。

要点 4：切图原则

切图的目的是跟前端工程师进行团队协同工作，切图输出时应尽可能地降低工作量，避免因切图输出而导致重复工作，下面是一些需要注意的事项。

（1）va 切图尺寸为偶数。移动端手机的屏幕尺寸大小都是偶数，比如 iPhone 7 的屏幕分辨率是 750px×1334px。工程师在实际开发过程中以 375pt×667pt（pt 是 iOS 开发单位，像素倍率为@2x 时，1pt=2px）进行开发，切图资源尺寸为偶数，可以被 2 整除。偶数是为了保证切图资源在前端工程师开发时能清晰显示。如果是奇数的话会导致边缘模糊，图 6-3-7 为偶数和奇数对比。

图 6-3-5　启动 PxCook

图 6-3-6　设置项目

（a）偶数

（b）奇数

图 6-3-7　偶数和奇数对比

（2）图标切图根据设计尺寸输出。设计基准图是以 iOS 屏幕分辨率 750px×1334px 情况下设计的，在切图时要明确设计以@2x 进行的，输出@2x 和@3x 的切图即可满足 iPhone 的主流机型，图 6-3-8 为@2x 和@3x 图标切图。如果是适配 Android 系统分辨率 720px×1280px 情况下，在切图的时候就要明确设计是以 xhdpi 进行的，再输出切图。

（a）@2x 图标切图 44px×44px

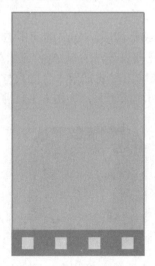

（b）@3x 图标切图 66px×66px

图 6-3-8　@2x 和@3x 图标切图

（3）降低文件大小。有些图片也需要切图，如引导页、启动页、默认图等。但是一般切图文件大小都较大，不利于用户在使用 App 过程中加载页面，而且前端工程师会希望图片不影响识别的情况下压缩到最小。降低文件大小可使用 Photoshop 自带的功能压缩文件，也可通过一些图片压缩网站进行压缩。压缩过的文件用肉眼基本上分辨不出压缩的损失，图 6-3-9 为使用 TinyPng 网站压缩前后对比。

（a）原来透明的 PNG　　　　　　　　　（b）缩水透明的 PNG

文件大小 57KB　　　　　　　　　　　文件大小 15KB

图 6-3-9　压缩前后对比

（4）可点击区域不低于 44px。切图时添加一些空白面积，增加触碰面积，保证用户可以点击到。设计基准图中图标大小可以和切图大小不一致，要保证切图面积，可点击区域不低于 44px。图 6-3-10 为图标实际大小和增加空白面积大小。但是随着移动端屏幕分辨率的提升，可点击区域也有所提升，如 66px 和 88px 的可点击区域也比较常见。

（a）图标实际大小　　（b）增大空白面积大小

图 6-3-10　图标实际大小和增加空白面积大小

要点 5：切图输出类型

切图输出类型主要分为应用型图标切图、功能型图标切图、图片类切图和可拉伸元素切图 4 类。

（1）应用型图标切图。App 的应用型图标会在很多不同的地方展示，如手机界面、App Store、手机的设置列表等，所以 App 应用型图标需要多个不同尺寸的切图输出。如果两个平台中参数不同，在输出时要把双平台的尺寸全部输出切图。需要注意的是，iOS 应用型图标切图需要提供直角的图标切图，如图 6-3-11 所示，因为 iOS 会自动生成圆角效果。

（a）效果图　　　　　　　　　　　（b）切图

图 6-3-11　iOS 应用型图标切图

（2）功能型图标切图。对于 iOS 界面中的功能型图标，由于 Plus 版本的切图是设计基准图的 1.5 倍，输出切图为@3x 即可，图 6-3-12 所示为新西兰 NAMEKIWI App 项目功能型图标@2x 和@3x 的对比。默认情况下，@3x 是@2x 的 1.5 倍。前端工程师会将切好的@2x 和@3x 图放到库中，iOS 会根据设备型号自动挑选合适的尺寸使用。

图 6-3-12　新西兰 NAMEKIWI App 项目功能型图标@2x 和@3x 的对比

（3）图片类切图。图片类切图如启动页、引导页、提示页面等需要切图的图片。有些需要全屏切图、有些则需要局部切图，如图 6-3-13 红框标识所示。如果是全屏切图，则最好以分辨率大的尺寸进行切图适配。如果页面是背景图和底色结合，只需要切背景图，而背景色只需要告诉前端工程师色值即可。如果背景图是单个元素重复平铺只需切单个元素即可，告诉前端工程师页面尺寸，将单个元素进行平铺。

图 6-3-13　图片类切图

（4）可拉伸元素切图。可拉伸元素是指按钮在切图过程中可对切图进行瘦身压缩的元素，原理是不可拉伸区域不变，但是可以提升 App 中的加载速度和节省手机空间。这种切图方式在 iOS 中称为平铺切图，在 Android 系统中称为点九图。它是为了提升图片在客户端内的加载速度，保证安装包的轻量化，图 6-3-14、图 6-3-15 为在 iOS 中的平铺切图和在 Android 系统中点九图的形式。

小贴士：平铺切图和点九图注意事项。

平铺切图只需要表明什么区域可拉伸。而点九图则需要再绘制 1px 的黑线表示内容展示区域，1px 的黑点表示的是一条完整的可拉伸区域，以及切出的图片要人为添加后缀.9。

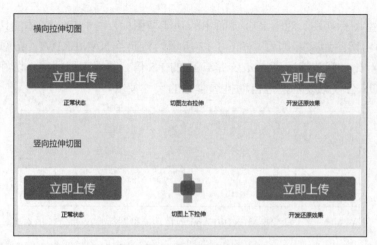

图 6-3-14　iOS 中的平铺切图

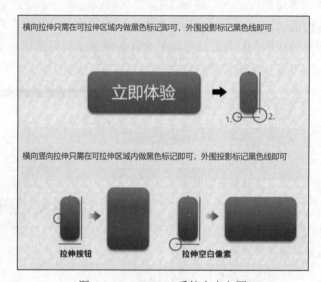

图 6-3-15　Android 系统中点九图

要点 6：命名规则

命名规则是为了团队能够有一个统一规则，在和前端工程师进行交接时，规范的命名对于团队协同有着极大的推动作用。通常为切片命名时会遵循以下 3 个规则。

（1）命名采用英文小写，不要出现大写字母。

（2）当出现较多层级时，最好遵循命名的通用规范"模块_类别_功能_状态@2x.png"，按照由大范围逐步缩小范围进行命名。例如，命名一个属于标签栏内部，默认状态下的搜索按钮。英文命名为 tab _button _search_ nor@2x.png，对应的中文则是标签栏_按钮_搜索_默认状态@2x.png。

（3）名称中间不要有空格，使用下画线进行连接。

移动端 App 命名常用的英文单词如图 6-3-16 所示。

需要注意的是，虽然图 6-3-16 中展示的是一些常用元素的单词，但是每个前端工程师有着自己的命名习惯，因此在实际工作中最好和前端工程师沟通确认。

界面命名

整个主程序	App	搜索结果	Search results	活动	Activity	信息	Messages
首页	Home	应用详情	App detail	探索	Explore	音乐	Music
软件	Software	日历	Calendar	联系人	Contacts	新闻	News
游戏	Game	相机	Camera	控制中心	Control center	笔记	Notes
管理	Management	照片	Photo	健康	Health	天气	Weather
发现	Find	视频	Video	邮件	Mail	手表	Watch
个人中心	Personal center	设置	Settings	地图	Maps	锁屏	Lock screen

系统控件库

状态栏	Status bar	搜索栏	Search bar	提醒视图	Alert view	弹出视图	Popovers
导航栏	Navigation bar	表格视图	Table view	编辑菜单	Edit menu	开关	Switch
标签栏	Tab bar	分段控制	Segmented Control	选择器	Pickers	弹窗	Popup
工具栏	Tool bar	活动视图	Activity view	滑杆	Sliders	扫描	Scanning

功能命名

确定	Ok	添加	Add	卸载	Uninstall	选择	Select
默认	Default	查看	View	搜索	Search	更多	More
取消	Cancel	删除	Delete	暂停	Pause	刷新	Refresh
关闭	Close	下载	Download	继续	Continue	发送	Send
最小化	Min	等待	Waiting	导入	Import	前进	Forward
最大化	Max	加载	Loading	导出	Export	重新开始	Restart
菜单	Menu	安装	Install	后退	Back	更新	Update

资源类型

图片	Image	滚动条	Scroll	进度条	Progress	线条	Line
图标	Icon	标签	Tab	树	Tree	蒙版	Mask
静态文本框	Label	勾选框	Checkbox	动画	Animation	标记	Sign
编辑框	Edit	下拉框	Combo	按钮	Button	动画	Animation
列表	List	单选框	Radio	背景	Background	播放	Play

常见状态

普通	Normal	获取焦点	Focused	已访问	Visited	默认	Default
按下	Press	点击	Highlight	禁用	Disabled	选中	Selected
悬停	Hover	错误	Error	完成	Complete	空白	Blank

位置排序

顶部	Top	底部	Bottom	第二	Second	页关	Header
中间	Middle	第一	First	最后	Last	页脚	Footer

图 6-3-16　移动端 App 命名常用的英文单词

任务实现——分类页切图

根据实例的需求，明确要进行切图的元素，可以从切图方法、切图内容和命名规则等方面分析实例。本实例使用 PxCook 软件进行切图。切图内容为分类页中有交互效果的图标、控件都需要切图，以及代码书写比较困难的小图标也需要切图，如图 6-3-17 所示，红框标识为"分类"页面所需切图。搜索框不需要切图，只需要进行标注即可。而内容区域的商品图片则需要保存成图片交由前端工程师。

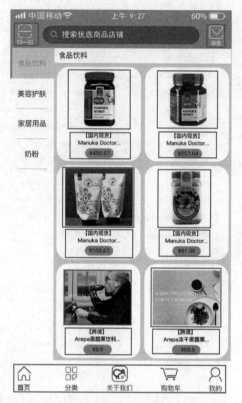

图 6-3-17　分类页面所需切图

具体的制作步骤如下：

（1）打开 Photoshop CC 2018，拖放"分类页.psd"文件到软件中。

（2）在 Photoshop CC 2018 中执行"编辑"→"首选项"→"增效工具"命令，选择"启用远程连接"选项并输入 6 位数密码。

（3）打开 PxCook，单击右上角的切图工具，如图 6-3-18 所示。

图 6-3-18　PxCook 右上角的切图工具

（4）输入和 Photoshop CC 2018 中相同的 6 位数密码，单击开始使用。

（5）在桌面新建文件夹为"切图"，内部包含"分类页面的切图"和"共用"文件夹。而在"分类页面的切图"文件夹中包含"分类页面-@2x 切图"和"分类页面-@3x 切图"文件夹。

（6）更改图标所在图层组的名称，如"分类默认"更改为"tab_icon_calssify_nor"，如图 6-3-19 所示。

图 6-3-19　更改名称为英文

（7）标签栏上的图标属于共用图标，更改 PxCook 的保存路径为"共用"，如图 6-3-20

红框标识所示。

图 6-3-20　更改保存路径

（8）选中标签栏上需要切图的 "tab_icon_calssify_nor" 的图标组，选择输出@2x 和@3x 的切图，然后单击 "切所选图层"，如图 6-3-21 所示。

图 6-3-21　切图

（9）按照命名的通用规范对需要切图的图标进行命名。图 6-3-22 为将标签栏上的图标更改为英文名称。全部选中并全部显示，然后单击切所选图层，只需耐心等待几分钟就可以将所有图标切出。

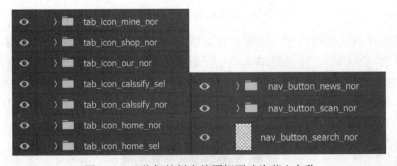

图 6-3-22　将标签栏上的图标更改为英文名称

（10）共用文件夹中图标，如图 6-3-23 所示。

（11）将页面中其余图标命名，图 6-3-24 红框为需要切图命名的内容。

（12）选中导航区域和内容区域需要其切图的图标，选择输出@2x 的切图，更改保存路径为 "分类页面_@2x 切图"，然后单击 "切所选图层" 按钮。

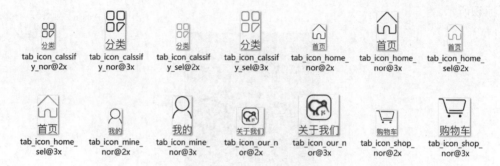

图 6-3-23　共用图标切图

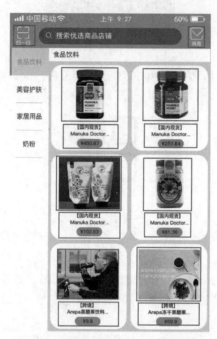

图 6-3-24　页面中需要切图命名的内容

（13）选中导航区域和内容区域需要其切图的图标，选择输出@3x 的切图，更改保存路径为"分类页面_@3x 切图"，然后单击"切所选图层"按钮。

（14）如导航栏中的搜索图标需要增加空白面积，可选择修改尺寸更改宽度和高度为 60px，如图 6-3-25 所示。

图 6-3-25　修改尺寸

（15）切图图片文件较大的图片，需要使用 TinyPng 网站对图片进行压缩。

（16）至此，"分类页面切图"所需切图全部完成，将"分类页.psd"重新命名为"改名后的分类页"然后存储。

任务拓展

根据本任务知识内容,完成新西兰 NAMEKIWI App 项目其他页面的切图任务。图 6-3-26 为部分页面的切图内容示例。

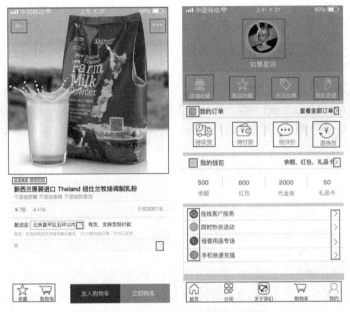

图 6-3-26 部分页面的切图内容示例

任务小结

本任务介绍了新西兰 NAMEKIWI App 项目的分类页切图的方法。掌握以下 8 点内容。

(1)切图内容包含所有图标、控件,添加交互效果以及代码书写比较困难的小图标。具体切图内容需要和前端工程师进行沟通。

(2)切图资源尺寸为偶数。

(3)一般需要输出@2x 和@3x 两套图。

(4)尺寸较大的图片需要应用压缩网站进行压缩。

(5)可点击区域不低于 44px,小于 44px 的使用空白区域补充。

(6)切图输出类型主要分为应用型图标切图、功能型图标切图、图片类切图和可拉伸元素切图 4 类。

(7)切图文件命名时采用英文小写,不要有大写字母出现,使用下画线进行连接,命名名称范围由大范围逐步缩小范围进行命名。

(8)使用 PxCook 标注的方法和步骤。

参考文献

[1] 黑马程序员. 跨平台 UI 设计宝典[M]. 北京：中国铁道出版社，2018.

[2] 黑马程序员. 智能手机 APP UI 设计与应用任务教程[M]. 北京：中国铁道出版社，2017.

[3] 张芳芳，严芳，周国红. 移动端 UI 设计与制作案例教程[M]. 北京：电子工业出版社，2018.

[4] 夏琰. 移动 UI 交互设计（微课版）[M]. 北京：人民邮电出版社，2019.

[5] 数码创意. Photoshop 移动终端 APP 界面设计[M]. 北京：电子工业出版社，2015.

[6] 刘源. App 草图+流程图+交互原型设计教程[M]. 北京：电子工业出版社，2020.

[7] 董庆帅. UI 设计师的色彩搭配手册[M]. 北京：电子工业出版社，2017.

[8] 吴丰. 移动端 APP UI 设计与交互基础教程（微课版）[M]. 北京：人民邮电出版社，2019.

[9] ［日］原田秀司. 多设备时代的 UI 设计法则：打造完美体验的用户界面[M]. 付美平，译. 北京：中国青年出版社，2016.

[10] 贾京鹏. 全流程界面设计[M]. 北京：中国青年出版社，2019.

[11] 张小玲. UI 界面设计[M]. 2 版. 北京：电子工业出版社，2017.

[12] 李鹏宇，陈艳华. Axure RP 与 APP 原型设计完全学习教程[M]. 北京：中国青年出版社，2020.

[13] 软件开发中的九种基本模型总结——课课家网
http://www.kokojia.com/article/24747.html

[14] 一款 APP 从设计稿到切图——搜狐网
https://www.sohu.com/a/246892820_160037

[15] 10 个学交互设计必须懂的基础术语科普——优设网
https://www.uisdc.com/10-interactive-terminology

[16] 用户研究方法——CSDN 网
https://blog.csdn.net/wzyfhyh/article/details/104154692

[17] 如何正确的画出功能流程图？——人人都是产品经理网
http://www.woshipm.com/pmd/663549.html

[18] 功能结构图、信息结构图、结构图，你还傻傻分不清吗？（上）（下）——人人都是产品经理网
http://www.woshipm.com/pmd/838667.html
http://www.woshipm.com/pmd/844937.html

[19] 移动 app 交互设计：如何把"手势流"装进手机——雷锋网
https://www.leiphone.com/category/texie/SC3NtHSX54uBEMXk.html

[20] UI 如何做好排版？格式塔原理你得学起来（上）（下）——搜狐网
https://www.sohu.com/a/244592327_114819
https://www.sohu.com/a/245911492_114819

[21] 超全面！界面视觉设计 5 要素——站酷网
      https://www.zcool.com.cn/article/ZNjAwNTU2.html

[22] 从零开始画图标系列：面性图标设计方法详解——优设网
      https://www.uisdc.com/flour-icon-design

[23] 从零开始画图标系列：进阶线性图标设计实战——优设网
      https://www.uisdc.com/advance-linear-icon-design

[24] UI 设计切图规范——搜狐网
      https://www.sohu.com/a/430890735_120902710

[25] UI 设计中 APP 常见界面设计中主界面的布局——知乎
      https://zhuanlan.zhihu.com/p/111438934

[26] 分享 23 个超好用的配色参考工具，设计师、插画师必备！——知乎
      https://zhuanlan.zhihu.com/p/26862045

[27] PS 调色原理三原色 PS 高级实战案例教程——优酷教育
      https://v.youku.com/v_show/id_XMTU1NzI3MDMwOA%3D%3D.html

[28] 渐变色的 5 个趋势及使用方法|设计驱动力
      http://www.wenliku.com/sheji/13491.html

[29] 你必须了解的色彩搭配原理与技巧!
      https://www.360kuai.com/pc/9d42c4d699b8ec5a1?cota=4&kuai_so=1&tj_url=so_news&
      sign=360_57c3bbd1&refer_scene=so_1

[30] UI 配色整理
      https://www.ui.cn/detail/216255.html

[31] 提升色盲用户的体验——设计之家
      https://www.sj33.cn/digital/ued/2016/0703/45670.html

[32] 漂亮很重要！UI 设计师必备的 7 种色彩搭配方案——站酷网
      https://www.zcool.com.cn/article/ZNjk0NzIw.html

[33] 摹客网站
      https://www.mockplus.cn/rp?hmsr=360new63

[34] 移动软件 UI 设计——智慧职教云平台
      https://www.icve.com.cn/portal_new/courseinfo/courseinfo.html?courseid=chioaemozktk
      ntlbgtnbca

[35] 小元素，大影响。UI 图标的类型和功能——学 UI 网
      https://www.xueui.cn/tutorials/icon-tutorials/types-and-functions-of-ui-icons.html

[36] UI 设计中的色彩搭配——搜狐网
      https://www.sohu.com/a/352393375_100212050

[37] 色彩的意义！用户体验设计师必知的色彩基础知识——优设网
      https://www.uisdc.com/color-emotion-in-ux-design